深度学习笔记

鲁伟◎著

内容简介

本书作为一本以“笔记”命名的深度学习图书，主要定位是面向广大希望入门深度学习的初学者。本书以深度神经网络(DNN)、卷积神经网络(CNN)和循环神经网络(RNN)为核心，详细介绍了深度学习的理论基础、通用方法和三大网络的原理与实践。全书代码以 Keras 框架作为范例，对于初学者而言简单易懂。

对于深度学习而言，本书内容丰富，知识覆盖面广，兼有代码实战，适合想要入门深度学习的广大学习者阅读。

图书在版编目(CIP)数据

深度学习笔记 / 鲁伟著. — 北京 ：北京大学出版社，2020.8

ISBN 978-7-301-16122-7

Ⅰ.①深… Ⅱ.①鲁… Ⅲ.①机器学习 Ⅳ.①TP181

中国版本图书馆 CIP 数据核字(2020)第 062731 号

书　　名　深度学习笔记
SHENDU XUEXI BIJI
著作责任者　鲁　伟　著
责 任 编 辑　吴晓月　王继伟
标 准 书 号　ISBN 978-7-301-16122-7
出 版 发 行　北京大学出版社
地　　址　北京市海淀区成府路 205 号　100871
网　　址　http://www.pup.cn　　新浪微博：@ 北京大学出版社
电 子 信 箱　pup7@pup.cn
电　　话　邮购部 010-62752015　发行部 010-62750672
编辑部 010-62570390
印 刷 者　北京宏伟双华印刷有限公司
经 销 者　新华书店
787 毫米×1092 毫米　16 开本　12.5 印张　264 千字
2020 年 8 月第 1 版　2020 年 8 月第 1 次印刷
印　　数　1—6000 册
定　　价　69.00 元

鲁伟，男，帅哥一枚，狗熊会人才计划第一期优秀毕业生，乃人才！

机缘巧合下，在2017年毕业前的最后一个学期，鲁伟加入了狗熊会的公益项目“人才计划”，也因此与狗熊会结下了不解之缘。狗熊会人才计划是一个纯公益项目，面向全球招募学生，然后通过在线任务的形式完成整个培训。狗熊会人才计划的毕业生应该具备三个独特的优点。第一，好学。狗熊会人才计划作为一个公益项目，什么名利也给不了学员，给不了学位，发不了奖金。为什么学员还要来呢？大概只有一个原因：好学。第二，努力。狗熊会人才计划的执行节奏非常快，每周两个任务，没有“迟到”这个概念。因此，辛苦努力、熬夜加班是常态。不够努力的人是不可能坚持下来的。第三，谦逊。在狗熊会人才计划的微信群里没有“客气”两个字。老师对学生的批评是最直白的，直指学生问题的本质，以期学生以最快的速度成长。能够顺利毕业的学生，一定是能够在批评意见中成长的。对，这就是狗熊会人才计划毕业生的特质。而所有这些特质在鲁伟同学身上表现得尤为突出。

在狗熊会的人才计划课堂上，鲁伟同学的教育背景不算突出，有不少学生来自国内最好的学校，甚至有人来自国际名校；鲁伟同学的学术基础也不是最好的，有不少学生来自国内一流的统计学、计算机、数学专业。但是，鲁伟同学是最努力、最具备正能量的。他的努力表现在对所有未知知识的学习渴望上，永远都是非常积极而优秀地完成各种挑战的TASK任务。他的正能量表现在对老师、同学、朋友的各种帮助和贡献上，永远都非常乐于帮助老师，帮助同学，帮助朋友。鲁伟同学的这种独特而优秀的品质，指引着他不断地前进。在职场上不断地前进，在专业知识上也不断地提高。这种不懈的努力，也反映在他对人工智能、深度学习的不断钻研上。

在辛苦钻研的过程中，形成了这本极具特色的著作《深度学习笔记》。

对这本书，我尤其喜欢"笔记"二字。首先，"笔记"非常恰当地反映了鲁伟作为一个学生的学习态度。笔记记录了他辛苦探索的过程，而且内容极其丰富。从经典的神经网络出发，到各种优化算法，到卷积神经网络、各种图像应用，再到以循环神经网络为基础的各种自然语言处理模型。不得不说，鲁伟是一位勤奋而好学的好学生！他的笔记一定会惠及更多渴望在深度学习方面入门的朋友。其次，"笔记"非常恰当地反映了这本书的定位，不是从老师高高在上向下传授的角度，而是从一个学生努力学习的角度进行陈述。这样的好处是什么呢？非常通俗、生动、易懂。对于很多初学者而言，就像是有一个勤奋好学的大师兄，在你学习深度学习的道路上，为你默默助力。最后，"笔记"也告诉大家，鲁伟自己在这条道路上还是一个学生，显然他还不是专家，也请大家多多批评指正。相信大家的建设性意见能够帮助鲁伟成长为一位更优秀的个体！我相信，他会成长为一名真真正正的专家，兼具扎实的理论基础、计算基础、行业经验，还具有勇往直前的无限勇气！

王汉生

前言

FOREWORD

当你拿到这本书时，可能已经了解了深度学习近年来取得的一些进展。对于人工智能技术的日新月异，你也许会疑惑，也许会像我一样焦虑，想要迫切地知道所谓的深度学习到底有何魔力。

2017年时，我还是一名普通的数据分析师，每天想着如何写好SQL，如何玩转Pandas数据处理。那一年也正是国内人工智能（AI）浪潮最火的一年，各种报道铺天盖地，作为一名数据从业者，你很难不被吸引进来。当时的想法就是数据分析太无趣了，深度学习这么酷，为何不尝试一下？2018年，我花了一整年的时间自学神经网络和深度学习，学习过程中留下的记录经过整理就成了现在这本书。

无论是理论还是技术，深度学习每天都在取得新的进展。复杂的数学理论、眼花缭乱的网络结构设计、最新的技术开源，这些可能都会让一个深度学习初学者不知所措。前沿进展千变万化，但深度学习的理论与技术底层知识一万年也难以变化。那么什么是深度学习的底层知识呢？是数学基础、是梯度计算、是卷积……作为一本取名为“笔记”的深度学习书，肯定与“高大上”不搭边。这本书概括了学习深度学习的基本路线，如何从DNN到CNN再到RNN和一些延伸性知识，本书的定位就是一本深度学习入门图书。对于广泛应用的基础内容，如CNN，本书尽可能地进行了详述；对于一些延伸性的理论和应用知识，如语音识别，本书浅尝辄止，更多的是点明方向，让读者自己探索。部分章节配以示例代码，均有详细的注释和解释，方便读者自己动手试一试。从简单易用的角度考虑，本书案例所有代码均使用Keras框架，对工作环境没有特殊要求，图形处理器（GPU）虽然不是必须配置，但是仍然建议读者能够拥有一块NVIDIA GPU显卡来开展深度学习。

首先,在此感谢北京大学光华管理学院教授、狗熊会创始人"熊大"王汉生老师。作为当初狗熊会数据科学人才计划的第一期成员,王老师是我在数据科学道路上的启蒙老师,没有他的督促和鼓励,也不会有本书的面世。其次,感谢北京大学出版社的魏雪萍老师和王继伟老师,感谢两位老师在我书稿写作过程中提出的修改意见,并耐心负责本书的编辑、校验和修订工作。最后,还要感谢我的夫人王美萍,书中很多精美的插图均来自她的绘制。作为一名仅有两年经验、能力远不成熟的深度学习算法工程师,在整理本书稿的过程中备感艰辛和不易。本书在编写过程中参考了大量相关教材、论文、网络博客、知乎问答与专栏等的内容,在此一并表示感谢。因时间仓促和能力所限,书中难免会有表述不当甚至是错误之处,敬请广大读者批评指正。

提示:本书所涉及的源代码及习题参考答案已上传到百度网盘,供读者下载。请读者关注封底"博雅读书社"微信公众号,找到"资源下载"栏目,根据提示获取。

鲁　伟

CONTENTS

第 1 讲　神经网络与深度学习 …… 1

1.1　机器学习与深度学习的关系 …… 2

1.2　感知机与神经网络 …… 3

第 2 讲　神经网络的过拟合与正则化 …… 7

2.1　机器学习的核心要义 …… 8

2.2　范数与正则化 …… 9

2.3　神经网络的正则化和 Dropout …… 11

第 3 讲　深度学习的优化算法 …… 14

3.1　机器学习的数学规约 …… 15

3.2　损失函数和深度学习优化算法 …… 15

3.3　梯度下降法 …… 16

3.4　从 Momentum 到 Adam …… 18

第 4 讲　卷积神经网络 …… 21

4.1　CNN 发展简史与相关人物 …… 22

4.2　卷积的含义 …… 23

4.3　池化和全连接 …… 26

第 5 讲 CNN 图像学习过程与可视化 …… 28
5.1 CNN 的直观理解 …… 29
5.2 CNN 图像学习的可视化 …… 31
第 6 讲 CNN 图像分类：从 LeNet5 到 EfficientNet …… 37
6.1 计算机视觉的三大任务 …… 38
6.2 CNN 图像分类发展史 …… 39
第 7 讲 CNN 目标检测：从 RCNN 到 YOLO …… 47
7.1 目标检测概述 …… 48
7.2 CNN 目标检测算法 …… 49
第 8 讲 CNN 图像分割：从 FCN 到 U-Net …… 56
8.1 语义分割和实例分割概述 …… 57
8.2 语义分割 …… 58
第 9 讲 迁移学习理论与实践 …… 65
9.1 迁移学习：深度学习未来五年的驱动力？ …… 66
9.2 迁移学习的使用场景 …… 66
9.3 深度卷积网络的可迁移性 …… 67
9.4 迁移学习的使用方法 …… 68
9.5 基于 ResNet 的迁移学习实验 …… 68
第 10 讲 循环神经网络 …… 76
10.1 从语音识别到自然语言处理 …… 77
10.2 RNN：网络架构与技术 …… 79
10.3 四种 RNN 结构 …… 81
第 11 讲 长短期记忆网络 …… 84
11.1 深度神经网络的困扰：梯度爆炸与梯度消失 …… 85
11.2 LSTM：让 RNN 具备更好的记忆机制 …… 87
第 12 讲 自然语言处理与词向量 …… 91
12.1 自然语言处理简介 …… 92
12.2 词汇表征 …… 93
12.3 词向量与语言模型 …… 94

第 13 讲 word2vec 词向量 …… 98
13.1 word2vec …… 99
13.2 word2vec 的训练过程：以 CBOW 为例 …… 100
第 14 讲 seq2seq 与注意力模型 …… 104
14.1 seq2seq 的简单介绍 …… 105
14.2 注意力模型 …… 105
14.3 基于 seq2seq 和 Attention 机制的机器翻译实践 …… 108
第 15 讲 语音识别 …… 118
15.1 概述 …… 119
15.2 信号处理与特征提取 …… 120
15.3 传统声学模型 …… 122
15.4 基于深度学习的声学模型 …… 123
15.5 端到端的语音识别系统简介 …… 125
第 16 讲 从 Embedding 到 XLNet：NLP 预训练模型简介 …… 127
16.1 从 Embedding 到 ELMo …… 128
16.2 特征提取器：Transformer …… 129
16.3 低调王者：GPT …… 131
16.4 封神之作：BERT …… 131
16.5 持续创新：XLNet …… 132
第 17 讲 深度生成模型之自编码器 …… 134
17.1 自编码器 …… 135
17.2 自编码器的降噪作用 …… 136
17.3 变分自编码器 …… 138
17.4 VAE 的 Keras 实现 …… 143
第 18 讲 深度生成模型之生成式对抗网络 …… 148
18.1 GAN …… 149
18.2 训练一个 DCGAN …… 151
第 19 讲 神经风格迁移、深度强化学习与胶囊网络 …… 159
19.1 神经风格迁移 …… 160
19.2 深度强化学习 …… 162
19.3 胶囊网络 …… 166

◆ 第 20 讲 深度学习框架 …… 171

20.1 概述 …… 172

20.2 TensorFlow …… 173

20.3 Keras …… 175

20.4 PyTorch …… 176

◆ 第 21 讲 深度学习数据集 …… 179

21.1 CV 经典数据集 …… 180

21.2 NLP 经典数据集 …… 187

参考文献 …… 189

第 1 讲

神经网络与深度学习

深度学习作为当前机器学习一个最热门的发展方向，仍然保持着传统机器学习方法的理念与特征。从有监督学习的角度来看，深度学习与机器学习并无本质上的差异。隐藏层使得感知机能够发展为拟合万物的神经网络模型，而反向传播算法则是整个神经网络训练的核心要义。

1.1 机器学习与深度学习的关系

想要学习深度学习，就要先温习一下机器学习，弄清楚二者之间的关系。

简单来说，机器学习就是从历史数据中探索和训练出数据的普遍规律，将其归纳为相应的数学模型，并对未知的数据进行预测的过程。至于在这个过程中所碰到的各种各样的问题，如数据质量、模型评价标准、训练优化方法、过拟合等一系列关乎机器学习模型生死的问题，在这里不做具体展开，读者可自行补习相关的机器学习知识。

在机器学习中，有很多相当成熟的模型和算法。其中有一种很厉害的模型，那就是人工神经网络。这种模型从早期的感知机发展而来，对任何函数都有较好的拟合性，但自 20 世纪 90 年代一直到 2012 年深度学习集中爆发前夕，神经网络受制于计算资源的限制和较差的可解释性，一直处于发展的低谷阶段。之后大数据兴起，计算资源也迅速跟上，加之 2012 年 ImageNet 竞赛冠军采用的 AlexNet 卷积神经网络一举将图像分类的 Top5 错误率降至 16.4%，震惊了当时的学界和业界。从此之后，原本处于研究边缘状态的神经网络又迅速火热了起来，深度学习也逐渐占据了计算机视觉的主导地位。

注意： 这里有必要解释一下模型和算法的概念，通常所说的像支持向量机(Support Vector Machine，SVM)之类的所谓机器学习十大算法其实不应该称之为算法，更应该称之为模型。机器学习算法应该是在给定模型和训练策略的情况下采取的优化算法，如梯度下降法、牛顿法等。当然，一般情况下将机器学习中的模型和算法概念混在一起并没有什么不妥之处，毕竟模型中本身就包含着计算规则的意思。

介绍了这么多，无非就是想让大家知道，以神经网络为核心的深度学习是机器学习的一个领域分支，所以深度学习在其本质上也必须遵循机器学习的基本要义和法则。在传统的机器学习中，需要训练的是结构化的数值数据，如预测销售量、预测某人是否按时还款等。但在深度学习中，其训练输入就不再是常规的数值数据了，它可能是一张图像、一段语言、一段对话语音或一段视频。例如，深度学习要做的就是输入一张狗的图像到神经网络中，它输出的是狗或 dog 这样的标签；输入一段语音到神经网络中，它输出的是如“你好”这样的文本。综上所述，可以看出机器学习(深度学习)的核心任务就是找(训练)一个模型，它能够将输入转化为正确的输出。

1.2 感知机与神经网络

深度学习看起来就像是一个黑箱机制，输入各种非结构化的数据之后出来预测结果。例如，输入一段语音，输出为“Hello，World!”这样的文本；输入一张狗的图像，输出为“狗”这样的标签；输入一副棋盘和当前的局势，输出为下一步的走棋方式；输入“你好!”这样一句中文，输出为“Hi!”这样一句英文；等等。我们很难对输入与输出之间的模型转化过程给出一个合理的解释。在实际工作中，调用像 TensorFlow 这样优秀的深度学习框架能够快速搭建起一个深度学习项目，但在学习深度学习时，不建议大家一开始就上手各种深度学习框架，希望大家能和笔者一起，在把基本原理弄清楚之后利用 Python 自己手动去编写模型和实现算法细节。

为了学习深度学习和各种结构的神经网络，我们需要从头开始。感知机作为神经网络和支持向量机的理论基础，一定要清楚其中的模型细节。简单来说，感知机就是一个旨在建立一个线性超平面对线性可分的数据集进行分类的线性模型，其基本结构如图 1.1 所示。

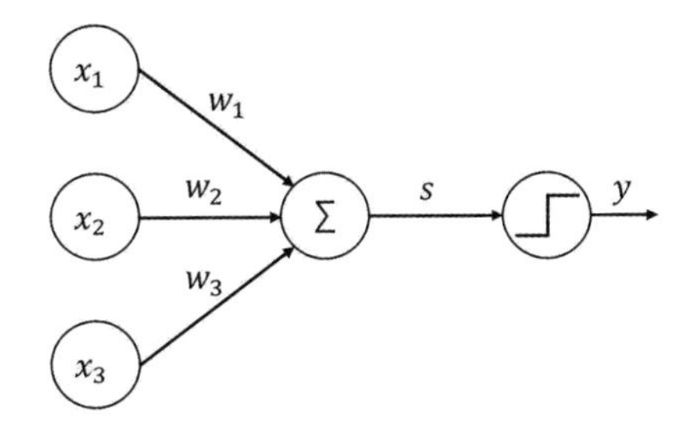

图 1.1 感知机的基本结构

图 1.1 从左到右为感知机模型的计算执行方向，模型接受了 x_1、x_2、x_3 三个输入，将输入与权值参数 w 进行加权求和并经过 sigmoid 函数进行激活，将激活结果 y 作为输出，这便是感知机执行前向计算的基本过程。这样就行了吗？当然不行。刚刚只是解释了模型，对策略和算法并未做出解释。当执行完前向计算得到输出之后，模型需要根据当前的输出和实际的输出按照损失函数计算当前损失，计算损失函数关于权值和偏置的梯度，然后根据梯度下降法更新权值和偏置，经过不断地迭代调整权值和偏置使损失最小，这便是完整的单层感知机的训练过程。图 1.2 所示是输入为图像的感知机计算过程。

前面介绍的是单层感知机，单层感知机包含两层神经元，即输入与输出神经元，可以非常容易地实现逻辑与、逻辑或和逻辑非等线性可分情形，但是单层感知机的学习能力是非常有限的，对于像异或问题这样的线性不可分情形，单层感知机就搞不定了(所谓线性不可分，即对于输入训练数据，不存在一个线性超平面能够将其进行线性分类)。其学习过程会出现一定程度的振荡，权值参数 w 难以稳定下来，最终不能求得合适的解，异或问题如图 1.3(c)所示。

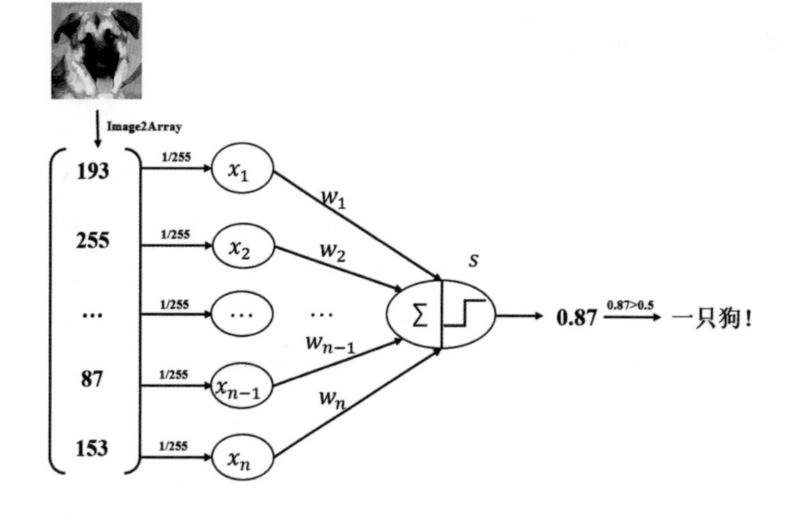

图 1.2　输入为图像的感知机计算过程

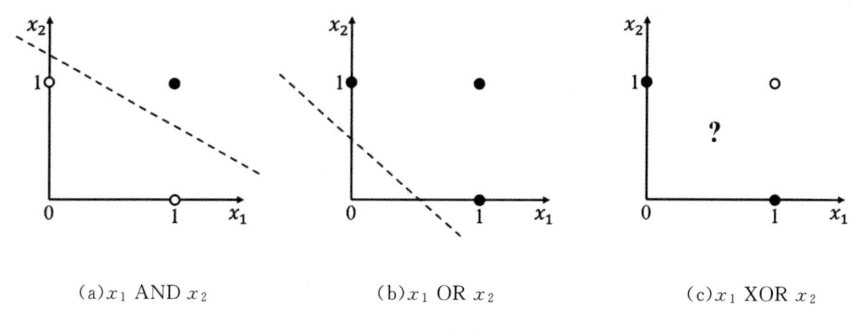

(a)x_1 AND x_2　　(b)x_1 OR x_2　　(c)x_1 XOR x_2

图 1.3　异或问题

对于线性不可分的情况,在感知机基础上一般有两个解决方向,一个是著名的支持向量机,旨在通过核函数映射来处理非线性的情况,而另一种就是神经网络模型。这里的神经网络模型也叫作多层感知机(Multi-Layer Perceptron,MLP),与单层感知机在结构上的区别主要在于 MLP 多了若干隐藏层,这使得神经网络能够处理非线性问题。

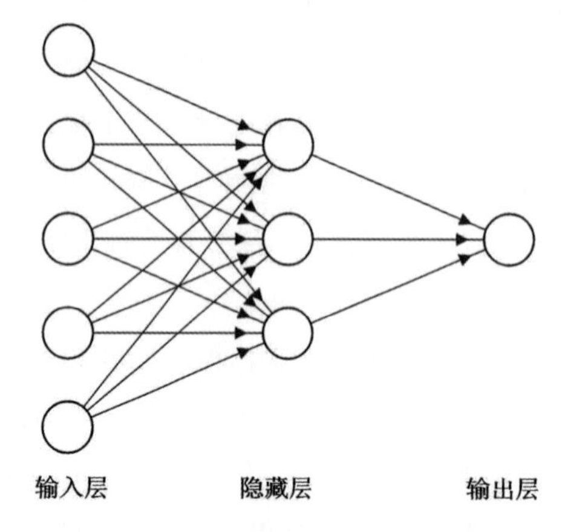

图 1.4　单隐藏层的神经网络的结构

一个单隐藏层的神经网络的结构,如图 1.4所示。

从图 1.4 中可以看出,相较于两层神经元的单层感知机,该多层感知机中间多了一个隐藏层。何为隐藏层?即在神经网络的训练过程中只能观察到输入层和输出层的数据,对于中间隐藏层的数据变化是看不见的，因而在深度神经网络（Deep Neural Networks，DNN）中，将中间看不见又难以对其效果进行合理解释的隐藏层称为“黑箱子”。

含隐藏层的神经网络是如何训练的呢？与感知机一样，神经网络的训练依然包含前向计算和反向传播（Back Propaggtion，BP）两个主要过程。当然，单层感知机没有反向传播这个概念，而是直接建立损失函数对权值和偏置参数进行梯度优化。简单来说，前向计算就是权值偏置与输入的线性加权和激活操作，在隐藏层上有个嵌套的过程。这里重点讲解反向传播算法（也称为误差逆传播算法），作为神经网络的训练算法，反向传播算法可谓是目前最成功的神经网络学习算法。通常所说的BP神经网络就是指应用反向传播算法进行训练的神经网络模型。

那么，反向传播算法的工作机制究竟是怎样的呢？这里需要大家复习一下在大学本科阶段学习的微积分知识。下面以一个两层（单隐藏层）网络为例，即图1.4中的网络结构，给大家详细推导一下反向传播的基本过程。

假设输入层为 x，输入层与隐藏层之间的权值和偏置分别为 w_1 和 b_1，线性加权计算结果为 $Z_1=w_1x+b_1$，采用sigmoid激活函数，激活输出为 $a_1=\sigma(Z_1)$。而隐藏层到输出层的权值和偏置分别为 w_2 和 b_2，线性加权计算结果为 $Z_2=w_2x+b_2$，激活输出为 $a_2=\sigma(Z_2)$。所以，这个两层网络的前向计算过程为 $x \to Z_1 \to a_1 \to Z_2 \to a_2$。

可以看出，反向传播的直观理解就是将前向计算过程反过来，但必须是梯度计算的方向反过来，假设这里采用如式（1.1）所示的交叉熵损失函数。

$$L(y,a)=-(y\log a+(1-y)\log(1-a)) \tag{1.1}$$

反向传播是基于梯度下降策略的，主要是以目标参数的负梯度方向对参数进行更新，所以基于损失函数对前向计算过程中各个变量进行梯度计算就非常必要了。将前向计算过程反过来，那么基于损失函数的梯度计算顺序就是 $\mathrm{d}a_2 \to \mathrm{d}Z_2 \to \mathrm{d}w_2 \to \mathrm{d}b_2 \to \mathrm{d}a_1 \to \mathrm{d}Z_1 \to \mathrm{d}w_1 \to \mathrm{d}b_1$。下面从输出 a_2 开始进行反向推导，输出层激活输出为 a_2，那么首先计算损失函数 $L(y,a)$ 关于 a_2 的微分 $\mathrm{d}a_2$，影响输出 a_2 的是谁呢？由前向传播可知，a_2 是由 Z_2 经激活函数激活计算而来的，所以计算损失函数关于 Z_2 的导数 $\mathrm{d}Z_2$ 必须经由 a_2 进行复合函数求导，即微积分上常说的链式求导法则。然后继续往前推，影响 Z_2 的又是哪些变量呢？由前向计算 $Z_2=w_2x+b_2$ 可知，影响 Z_2 的有 w_2、a_1 和 b_2，继续按照链式求导法则进行求导即可。最终以交叉熵损失函数为代表的两层神经网络的反向传播向量化求导计算公式如下。

$$\frac{\partial L}{\partial a_2}=\frac{\mathrm{d}}{\mathrm{d}a_2}L(a_2,y)=(-y\log a_2-(1-y)\log(1-a_2))'=-\frac{y}{a_2}+\frac{1-y}{1-a_2} \tag{1.2}$$

$$\frac{\partial L}{\partial Z_2}=\frac{\partial L}{\partial a_2}\frac{\partial a_2}{\partial Z_2}=a_2-y \tag{1.3}$$

$$\frac{\partial L}{\partial w_2}=\frac{\partial L}{\partial a_2}\frac{\partial a_2}{\partial Z_2}\frac{\partial Z_2}{\partial w_2}=\frac{1}{m}\frac{\partial L}{\partial Z_2}a_1=\frac{1}{m}(a_2-y)a_1 \tag{1.4}$$

$$\frac{\partial L}{\partial b_2}=\frac{\partial L}{\partial a_2}\frac{\partial a_2}{\partial Z_2}\frac{\partial Z_2}{\partial b_2}=\frac{\partial L}{\partial Z_2}=a_2-y \tag{1.5}$$

$$\frac{\partial L}{\partial a_1}=\frac{\partial L}{\partial a_2}\frac{\partial a_2}{\partial Z_2}\frac{\partial Z_2}{\partial a_1}=(a_2-y)w_2 \tag{1.6}$$

$$\frac{\partial L}{\partial Z_1}=\frac{\partial L}{\partial a_2}\frac{\partial a_2}{\partial Z_2}\frac{\partial Z_2}{\partial a_1}\frac{\partial a_1}{\partial Z_1}=(a_2-y)w_2\sigma'(Z_1) \tag{1.7}$$

$$\frac{\partial L}{\partial w_1}=\frac{\partial L}{\partial a_2}\frac{\partial a_2}{\partial Z_2}\frac{\partial Z_2}{\partial a_1}\frac{\partial a_1}{\partial Z_1}\frac{\partial Z_1}{\partial w_1}=(a_2-y)w_2\sigma'(Z_1)x \tag{1.8}$$

$$\frac{\partial L}{\partial b_1}=\frac{\partial L}{\partial a_2}\frac{\partial a_2}{\partial Z_2}\frac{\partial Z_2}{\partial a_1}\frac{\partial a_1}{\partial Z_1}\frac{\partial Z_1}{\partial b_1}=(a_2-y)w_2\sigma'(Z_1) \tag{1.9}$$

注意： 链式求导法则是对复合函数进行求导的一种计算方法，复合函数的导数是构成复合函数的这有限个函数在相应点的导数的乘积，就像锁链一样一环套一环，故称为链式法则。

有了梯度计算结果之后，便可根据权值更新公式对权值和偏置参数进行更新了，具体计算公式如式(1.10)所示，其中 η 为学习率，是一个超参数，需要在训练时手动指定，当然也可以对其进行调参以取得最优超参数。

$$w=w-\eta \mathrm{d}w \tag{1.10}$$

以上便是 BP 神经网络模型和算法的基本工作流程，如图 1.5 所示。总结起来就是前向计算得到输出，反向传播调整参数，最后以得到损失最小时的参数为最优学习参数。

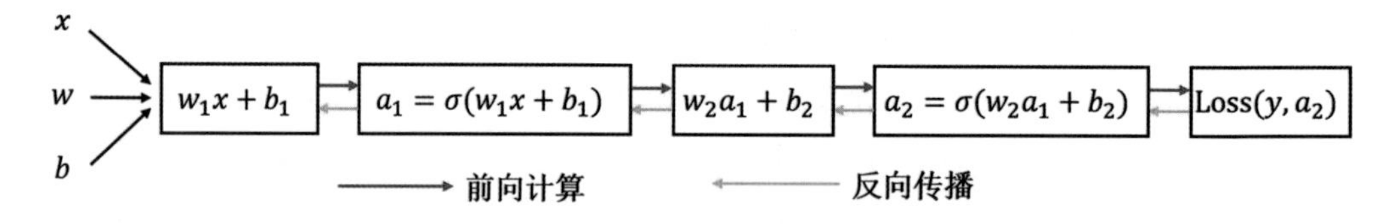

图 1.5 BP 神经网络模型和算法的基本工作流程

经过近十几年的发展，神经网络的结构已经从普通的全连接网络发展到卷积神经网络、循环神经网络、自编码器、生成式对抗网络和图神经网络等各种各样的结构，但 BP 算法一直是神经网络的一个经典和高效的寻优工具。

通过本节内容来看，训练一个 BP 神经网络并非难事，优秀的深度学习框架有很多，读者通过几行代码就可以搭建起一个全连接网络。但是，为了掌握神经网络的基本思维范式和锻炼实际的编码能力，希望读者能够利用 Python 在不调用任何算法包的情况下根据算法原理手动实现神经网络模型。

本讲习题

根据 BP 算法手动编写一个两层网络，并生成模拟数据测试该网络。

第 2 讲

神经网络的过拟合与正则化

神经网络因为隐藏层的存在可以实现复杂的非线性拟合功能。但随着神经网络层数加深，模型的性能却趋于变差。本讲将探讨机器学习核心问题之一的过拟合，对正则化这一常用的缓解模型过拟合方法进行阐述，并介绍神经网络的一种正则化方法——Dropout。

2.1 机器学习的核心要义

通过第1讲的学习，读者已经掌握了基本的BP网络的搭建方式。为了提高网络性能，读者很容易想到的做法是使用更多、更深的隐藏层。那么神经网络的隐藏层越多、网络越深，是不是神经网络的表现就越好？相信有着机器学习敏锐嗅觉的读者肯定会说不。若是神经网络隐藏层越多，模型效果就越好，那我们哪里还需要担心数据量不够、数据预处理、网络结构和超参数调优等问题呢，直接加隐藏层就好了，显然加深网络并不是好主意。虽然较多的隐藏层能够提取输入不同层次的特征，最大限度地拟合输入数据，但是在数据量一定的情况下，盲目加深隐藏层必然导致模型效果变差，模型变差的直接原因便是过拟合。所以，在探究深度神经网络的性能之前，先来好好梳理一下机器学习中的核心问题之一：如何防止过拟合？

下面先来看一下有监督机器学习的核心哲学。总体来说，所有的有监督机器学习都可以用如下公式来概括。

$$\min \underbrace{\frac{1}{N}\sum_{i=1}^{N} L(y_i, f(x_i))}_{\text{第一项}} + \underbrace{\lambda J(f)}_{\text{第二项}} \tag{2.1}$$

式(2.1)便是有监督机器学习中的损失函数计算公式，其中第一项为针对训练数据集的经验误差项，也就是常说的训练误差；第二项为正则化项，也称为惩罚项，用于对模型复杂度的约束和惩罚，正则化项的具体形式稍后详细阐述。因此，所有的有监督机器学习的核心任务就是正则化参数的同时最小化经验误差，多么简约的哲学啊！在各类机器学习模型中，其中的差别就是不断改变经验误差项。不信你看：当第一项经验误差项是平方损失(Suqare Loss)时，机器学习模型便是线性回归；当第一项变成指数损失(Exponential Loss)时，模型则是著名的Adaboost(一种集成学习树模型算法)；而当第一项为合页损失(Hinge Loss)时，模型便是大名鼎鼎的SVM了！

综上所述，第一项经验误差项很重要，它能不断地改变模型形式，在训练模型时要最大限度地把它变小。但在很多时候，决定机器学习模型生死的关键通常不是第一项，而是第二项正则化项。正则化项通过对模型参数施加约束和惩罚，让模型时时刻刻保持被过拟合的警惕。所以，这里再回到前文提到的有监督机器学习的核心任务：正则化参数的同时最小化经验误差。通俗来说就是训练集误差小，测试集误差也小，模型有着较好的泛化能力；或者是模型偏差小，方差也小。

但是很多时候模型的训练并不如我们所愿。如果你是一名在机器学习领域摸爬滚打已久的选手，想必你更能体会到模型训练的艰辛和使训练集、测试集误差同时小的不容易。很多时候，我们都会把经验误差，也就是训练误差降到极低，但模型一到测试集上，瞬间天崩地裂，模型表现一塌糊涂。这种情况便是本讲要探讨的主题：过拟合。所谓过拟合，是指在机器学习模型训练过程中，模型对训练数据学习过度，将数据中包含的噪声和误差也学习了，使得模型在训练集上表现很好，而在测试集上表现很差的一种现象。再回顾一下第 1 讲中的说法，机器学习简单而言就是归纳学习数据中的普遍规律，一定得是普遍规律，像这种将数据中的噪声也一起学习了的，归纳出来的便不是普遍规律，那就是过拟合。欠拟合、正常拟合与过拟合的表现形式，如图 2.1 所示。

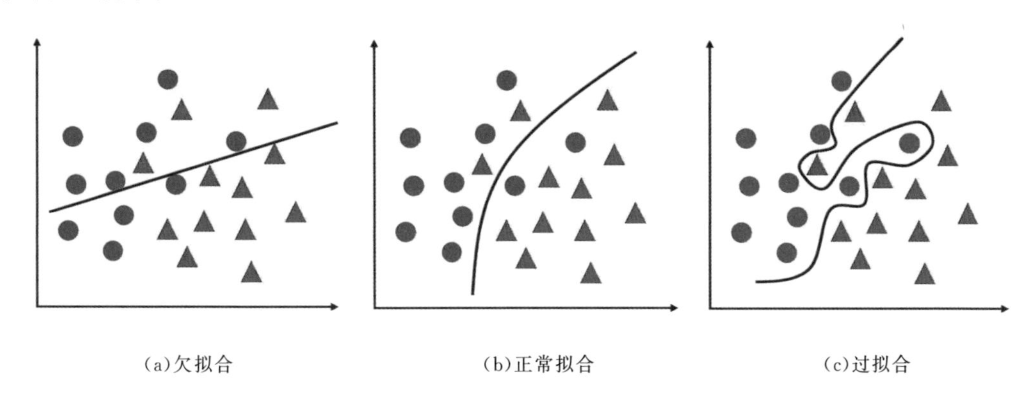

(a)欠拟合　(b)正常拟合　(c)过拟合

图 2.1　欠拟合、正常拟合与过拟合的表现形式

鉴于过拟合的普遍性和关乎模型的生死性，可以认为，在机器学习实践中，与过拟合做长期坚持不懈的斗争是机器学习的核心要义。而机器学习的一些其他问题，诸如特征工程、扩大训练集数量、算法设计和超参数调优等都是为防止过拟合这个核心问题而服务的。

2.2 范数与正则化

既然机器学习模型训练的核心要义在于与过拟合做长期坚持不懈的斗争，那么你肯定要问了：怎么斗争呢？除加大训练数据量和做更加精细化的特征工程之外，最常用的斗争技术便是正则化了。这也是前文所提到的有监督机器学习公式——式(2.1)的第二项正则化项。第二项中的 λ 为正则化系数，通常是大于 0 的，是一种调整经验误差项和正则化项之间关系的系数。当 $\lambda=0$ 时，相当于式(2.1)没有正则化项，模型全力“讨好”第一项，将经验误差进行最小化，往往这也是最容易发生过拟合的时候。随着 λ 逐渐增大，正则化项在模型选择中的话语权越来越高，对模型的复杂性的惩罚也越来越厉害。所以，在实际的训练过程中，λ 作为一种超参数，它在很大程度上决定了模型的生死。

除正则化系数 λ 之外，正则化项到底长什么样呢？这就需要引入向量和矩阵的 L 范数的概念了。范数在数学上指的是泛函分析中向量长度的度量，延伸到机器学习中，也可以将其理解为向量和矩阵的长度。在机器学习的正则化中，最常用的范数形式莫过于 L1 范数和 L2 范数。

在介绍常见的 L1 和 L2 之前，有必要先介绍一下 L0。L0 也就是 L0 范数，即矩阵中所有非 0 元素的个数。如果在正则化过程中选择了 L0 范数，那么该如何理解这个 L0 呢？其实非常简单，L0 范数就是希望正则化的参数矩阵 $\boldsymbol{W}$ 大多数元素都为 0，即让参数矩阵 $\boldsymbol{W}$ 大多数元素为 0 来实现稀疏而已。介绍到这里，想必经验丰富的你也许会问，稀疏性通常不都是用 L1 来实现的吗？这里涉及的理论不必去深究，简单说结论：在机器学习领域，L0 和 L1 都可以实现矩阵的稀疏性，但在实践中，L1 要比 L0 具备更好的泛化求解特性而广受青睐。

然后再介绍 L1 范数。L1 范数就是矩阵中各元素绝对值之和，正如前文所述，L1 范数通常用于实现参数矩阵的稀疏性。至于为什么要稀疏，稀疏有什么用，通常是为了特征选择和易于解释。基于 L1 范数的机器学习损失函数如下。

$$\min \frac{1}{N}\sum_{i=1}^{N} L(y_i, f(x_i)) + \lambda \| w \|_1 \tag{2.2}$$

最后介绍 L2 范数。相较于 L0 和 L1，其实 L2 才是正则化中的"天选之子"。在各种防止过拟合方法和正则化处理过程中，L2 正则化是首选方式。L2 范数是指矩阵中各元素的平方求和。采用 L2 范数进行正则化的原理在于最小化参数矩阵的每个元素，使其无限接近于 0 但又不像 L0 那样等于 0，也许你会问，为什么参数矩阵中每个元素变得很小就能防止过拟合？这里以深度神经网络为例进行说明。在 L2 正则化中，如果正则化系数变得比较大，那么参数矩阵 $\boldsymbol{W}$ 中的每个元素都会变小，线性计算的和 Z 也会变小，激活函数在此时相对呈线性状态，这样就大大简化了深度神经网络的复杂性，因而可以防止过拟合。

$$\min \frac{1}{N}\sum_{i=1}^{N} L(y_i, f(x_i)) + \frac{\lambda}{2} \| w \|_2^2 \tag{2.3}$$

另外，L1 和 L2 在"江湖上"还有一些别名，L1 就是著名的 Lasso，L2 则是岭回归(Ridge)。二者都是对回归损失函数加一个约束条件，Lasso 加的是 L1 范数，Ridge 加的是 L2 范数。这可以从几何直观上看出二者的区别，如图 2.2 所示。

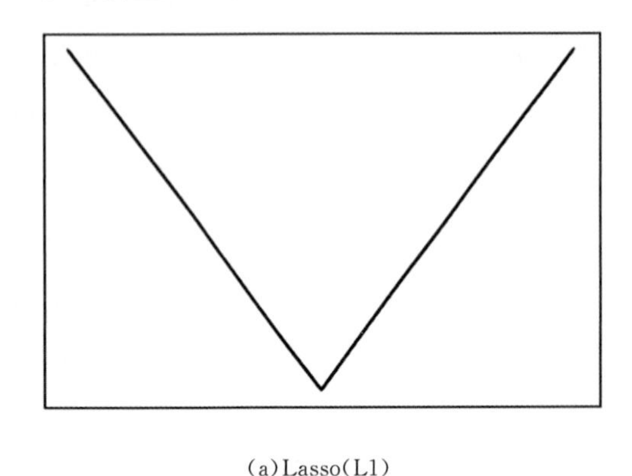

(a)Lasso(L1)

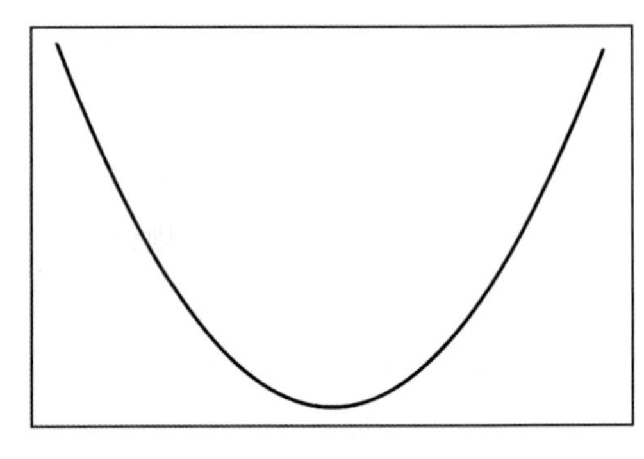

(b)Ridge(L2)

图 2.2　Lasso 和 Ridge 的函数图像

2.3 神经网络的正则化和 Dropout

铺垫了两节的内容，现在介绍本讲的主题：如何防止神经网络的过拟合，或者说如何给神经网络加正则化项？正如前文所说的有监督机器学习的核心公式——式(2.1)，假设这里已经给神经网络采用了交叉熵损失函数作为第一项，现在需要给核心公式加上正则化项，假设加的是 L2 正则化项。如此一来，带正则化的交叉熵损失函数就变为如下形式。

$$L_{\exp} = -\frac{1}{m}\sum_{i=1}^{m}(y_i \log(a_i)) + (1-y_i)\log(1-a_i) \tag{2.4}$$

$$L_{\text{reg}} = L_{\exp} + \frac{1}{m}\frac{\lambda}{2}\sum_{k}\sum_{j} w_{k,j}^2 \tag{2.5}$$

不加正则化项的损失函数的神经网络对二分类数据训练的效果如图2.3所示，加 L2 正则化后的效果如图 2.4 所示。图 2.3 中红蓝两类有较多误分类点，分类决策边界也不够平滑，可见，不加正则化项的深度神经网络的训练结果存在着明显的过拟合现象，分类结果存在较大的误差。图 2.4 所示是加了正则化项的神经网络模型训练效果，相较于图 2.3，图2.4中虽然也有一些误分类点，但是分类决策边界要平滑许多。

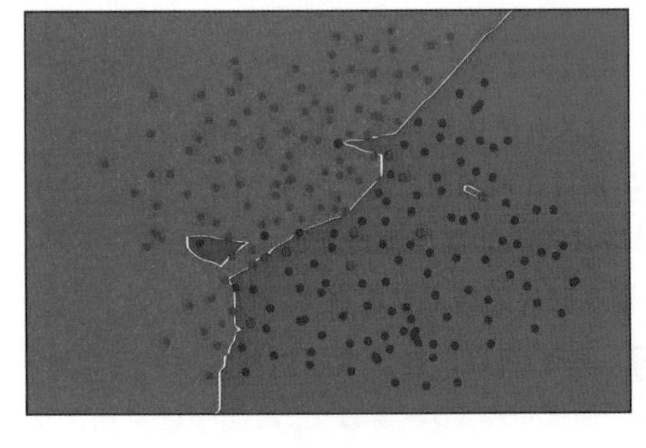

图 2.3 不加正则化项的效果

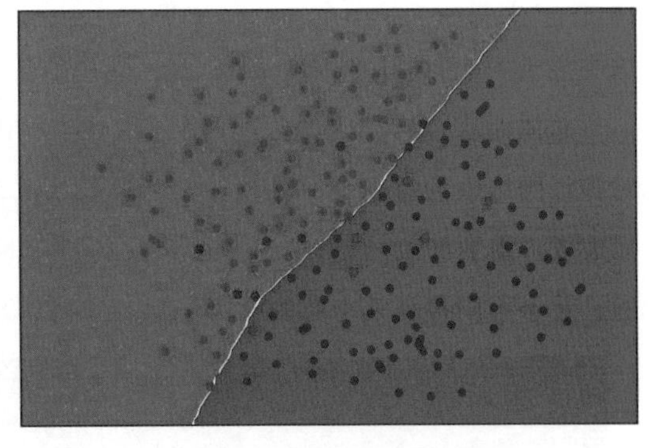

图 2.4 加 L2 正则化后的效果

除给损失函数加正则化项之外，神经网络还有自己独特的方法可以避免由过多的隐藏层带来的过拟合问题，这便是随机失活(Dropout)。从字面上理解，可以把它理解为丢弃、失活等含义，Dropout 的真正含义是指在神经网络训练过程中，对所有神经元按照一定的概率进行消除的处理方式。在训练深度神经网络时，Dropout 能够在很大程度上简化神经网络结构，防止神经网络过拟合。所以，从本质上来说，Dropout 也是一种神经网络的正则化方法。

假设这里要训练一个三层(两个隐藏层)的神经网络，该神经网络存在着过拟合。于是使用 Dropout 方法来处理，Dropout 为该网络每一层的神经元设定一个失活(Drop)概率，在神经网络训练过程中，会丢弃一些神经元节点，在网络图上则表示为该神经元节点的进出连线被删除，如

图 2.5(b)所示。最后会得到一个神经元更少、模型相对简单的神经网络，这样一来原先的过拟合情况就会大大得到缓解。这样说似乎并没有将 Dropout 正则化原理解释清楚，下面继续深入一下：为什么 Dropout 可以通过正则化发挥防止过拟合的作用？

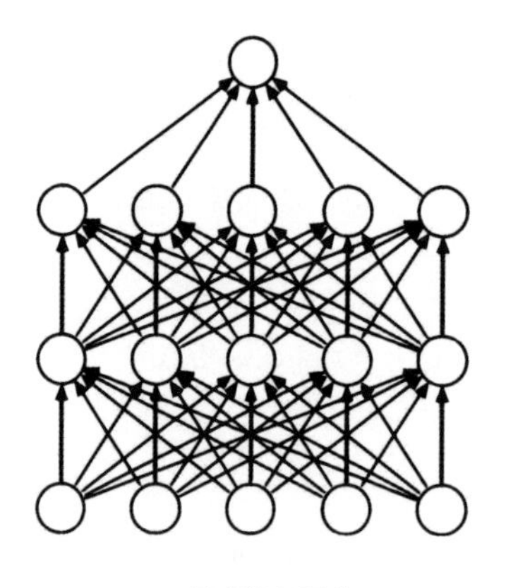

(a)标准神经网络

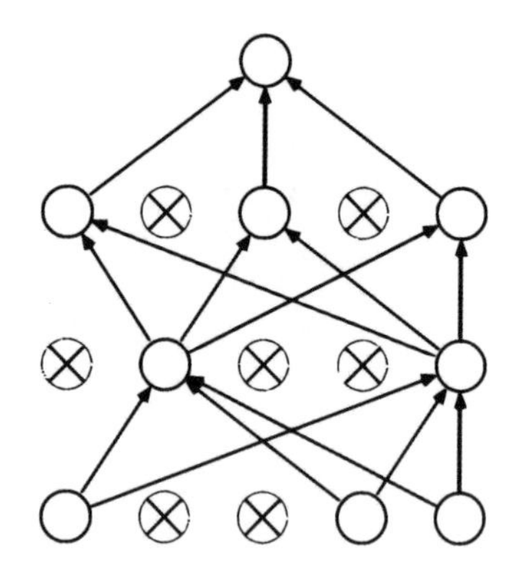

(b)添加 Dropout 之后的神经网络

图 2.5　三层全连接网络及其 Dropout

因为 Dropout 可以随时随机地丢弃任何一个神经元，神经网络的训练结果不会依赖于任何一个输入特征，每一个神经元都以这种方式进行传播，并为神经元的所有输入增加一点权重，Dropout 通过传播所有权重产生类似于 L2 正则化收缩权重的平方范数的效果，这样的权重压缩类似于 L2 正则化的权值衰减，这种外层的正则化起到了防止过拟合的作用。

总体而言，Dropout 的作用类似于 L2 正则化，但又有所区别。这里可以将 Dropout 理解为对神经网络中的每一个神经元加上一道概率流程，使得在神经网络训练时能够随机使某个神经元失效。需要注意的是，对于一个多层的神经网络，Dropout 某层神经元的概率并不是一刀切的。对于不同神经元个数的神经网络层，可以设置不同的失活或保留概率；对于含有较多权值的层，可以选择设置较大的失活概率(较小的保留概率)。所以，总结起来就是如果你担心某些层所含神经元较多或比其他层更容易发生过拟合，那么可以将该层的失活概率设置得更高一些。与前面 L2 正则化一样，基于同样的数据对神经网络模型加上 Dropout 后的效果，如图 2.6 所示。

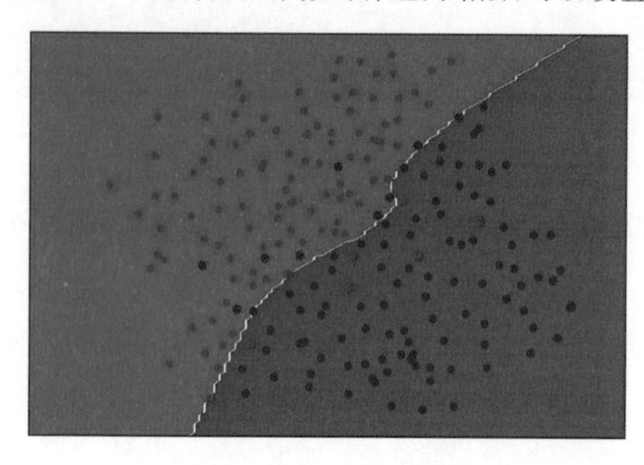

图 2.6　加 Dropout 后的效果

可见，带有 Dropout 结构的神经网络模型的效果类似于 L2 正则化，二者同样可以防止神经网络过拟合。在实际的深度学习试验中，除 L2 正则化和 Dropout 之外，还可以通过对验证集效果进行监测来执行早停(Early Stopping)策略以防止过拟合。

当然，过拟合作为数据与生俱来的一种特性，几乎不可能完全避免，生产环境下数据脏、乱、差现象普遍，包含各种各样的噪声也在所难免。虽然不能完全避免过拟合，但是可以通过本讲所说的各种手段来缓解过拟合。历史的车轮滚滚向前，只要机器学习一直发展下去，与过拟合的斗争就会一直持续下去。

本讲习题

Dropout 在原理上较为简单，但在具体实现上有诸多的细节问题需要注意。在实现 Dropout 时，通常不使用原始的实现方式，而是采用一种叫作 Inverted Dropout 的实现方法。查阅相关资料并手动实现 Inverted Dropout 的基本过程。

第3讲

深度学习的优化算法

当确定了神经网络的模型结构和损失函数之后，模型的训练可以规约为对损失函数进行优化求解的问题。机器学习的模型、策略和算法三要素对于深度学习同样适用。神经网络的训练求解方法从早期的梯度下降、批梯度下降、随机梯度下降到 Momentum、RMSProp 和 Adam 等，大体上都脱离不了梯度下降的框架。

3.1 机器学习的数学规约

在本书第 1 讲中,讨论了机器学习中的模型和算法的概念的界定。由于我们常常听到"所谓机器学习十大算法"这样的说法,久而久之算法就成了大家学习机器学习的直接目标。在这样的普遍观点下,线性回归、决策树、神经网络等都被划为算法的范畴。对于这种情况,有必要在此说明一下。如果一定要将线性回归等机器学习方法称为算法,也不是不行,因为算法本身就是一个广义的概念,包含了如何定义计算规则的意思,但是如果这样,那么对平方损失函数进行优化求解的最小二乘法该如何称呼呢?对于线性回归而言,最小二乘法才是算法。那线性回归不叫算法又该叫什么呢?最好是叫模型。

在介绍深度学习算法前,需要把模型和算法做一下区分。在李航老师编写的《统计学习方法》一书的概念论述中,一个完整的统计学习方法包括模型、策略和算法三个要素,这是非常经典的论述。模型就是机器学习在所有的模型空间中要采用的模型类别,如线性回归和感知机模型;策略则是机器学习方法按照什么样的标准去选择最优的模型,一般也称之为模型评估方法,如线性回归的平方损失函数,我们的策略就是要让平方损失函数取到最小值;而算法则是对于策略所选的损失函数采用什么方法取到最小值,即用什么样的计算方法求解最优模型,也就是最优化问题,如求解平方损失的最小二乘法及本讲即将介绍的梯度下降法。无论是有监督学习还是无监督学习方法,都是由以上三要素构成的。

当为一个机器学习方法选择好模型类别和策略时,机器学习便形式化为一个最优化问题。这些针对损失函数的优化问题,有的是凸函数优化,有的是非凸函数优化。无论怎样,都需要找到一些高效的算法对损失函数的优化问题进行求解。例如,本书在第 2 讲中提到的 Lasso 的损失函数优化问题就是一个凸函数优化问题。式(3.1)为 Lasso 损失函数。

$$\beta_{\text{Lasso}}=\operatorname{argmin}\left(\sum_{i=1}^{N}\left(y_i-\beta_0-\sum_{j=1}^{P}\beta_j x_{ij}\right)^2+\lambda\sum_{j=1}^{P}|\beta_j|\right) \tag{3.1}$$

综上所述,对于有显式的损失函数表达式的机器学习问题,其数学特性都是最优化问题。从这一点来看,将优化理论与算法视为机器学习和深度学习的支撑理论丝毫没有夸张的成分。

3.2 损失函数和深度学习优化算法

机器学习中常用的损失函数,包括平方损失、对数损失、合页损失、指数损失和交叉熵损失等,这里不具体展开。对于执行分类任务的深度学习模型来说,最常用的损失函数是交叉熵损失函数。例如,二分类的交叉熵损失函数,如式(3.2)所示。

$$L=-\frac{1}{m}\sum_{i=0}^{m}(y^{(i)}\log(a^{(i)})+(1-y^{(i)})\log(1-a^{(i)}))\tag{3.2}$$

对于交叉熵损失函数的优化，通常采用基于梯度下降的算法框架对其进行优化迭代求解。这其中除原始的梯度下降法(Gradient Descent,GD)之外，根据一次优化所需要的样本量的不同又可分为随机梯度下降法(Stochastic Gradient Descent,SGD)和小批量梯度下降法(Mini-Batch Gradient Descent,MBGD)。之后又引入了带有历史梯度加权的动量梯度下降法(Momentum)、均方根加速算法(Root Mean Square Prop,RMSProp)及自适应矩估计算法(Adaptive Moment Estimation,Adam)等。

下面就从梯度下降法开始，对常用的深度学习优化算法进行简单介绍，让读者了解深度学习和神经网络优化求解中常用算法的基本原理，知道神经网络是如何进行优化和参数更新的，以便以后在调包对深度学习框架封装好的算法进行使用时，知其然亦知其所以然。

3.3 梯度下降法

什么是梯度下降法？基于微积分的观点认为：目标函数关于参数 θ 的梯度方向是函数上升最快的方向。对于损失函数的优化来说，负梯度方向是损失函数下降最快的方向。对于神经网络来说，关于损失函数对权值参数 w 和偏置参数 b 求梯度，并基于负梯度方向进行参数更新，如式(3.3)和式(3.4)所示。

$$w^{(i)}=w^{(i)}-\alpha\,\mathrm{d}w^{(i)}\tag{3.3}$$

$$b^{(i)}=b^{(i)}-\alpha\,\mathrm{d}b^{(i)}\tag{3.4}$$

其中 α 为学习率，也叫作步长，是一个超参数，可以预先指定，也可以通过超参数调优进行选择。以上是梯度下降法在数学上的直观解释，那么如何更加通俗地理解梯度下降法呢？图 3.1所示是梯度下降法的直观展示。

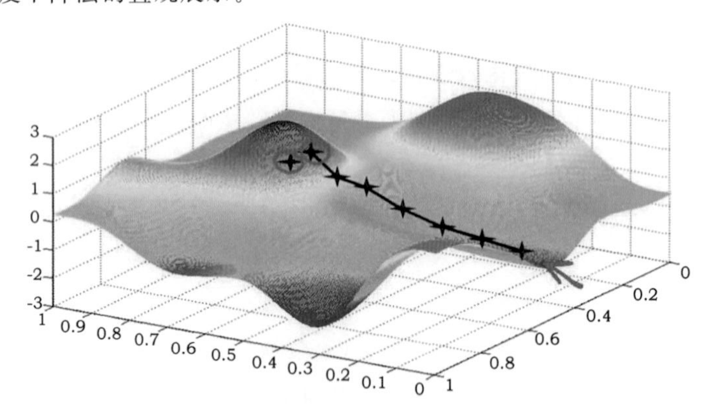

图 3.1 梯度下降法的直观展示

假设你正站在图 3.1 中的山顶，想要尽快从这陡峭的山上下山，那么该如何下山呢？这时你举目四望，从中发现了一个最陡峭的方向，从这儿下去虽然艰险但是速度最快，于是你便到了山腰中的一个点，然后又四下查看，寻找最陡峭的方向，从这个方向继续下山，用这个方法一步步不断下降，经过若干次尝试你终于到山脚了。简而言之，梯度下降法就是不断寻找最陡峭的方向，即负梯度方向下降得最快。

但在深度学习实际的算法调优中，原始的梯度下降法一般不好用。通常来说，工业生产环境下深度学习所处理的数据量都是相当大的。这时如果直接使用原始的梯度下降法，训练速度就会很慢，并且运算效率也会非常低。因此，需要采取一些策略对原始的梯度下降法进行调整，以便加速训练过程。

这时将训练数据划分为小批量(Mini-Batch)进行训练就非常重要了。将训练集划分为一个个子集的小批量数据，相较于原始的整体进行梯度下降的方法，整个神经网络的训练效率会大大提高，这便是小批量梯度下降法。如果批量足够小，小到一批只有一个样本，这时算法就变成了随机梯度下降法，此时模型训练起来会很灵活，数据中的噪声也会减小。但是 SGD 有一个劣势，就是失去了向量化运算带来的训练加速度，算法也较难收敛。因为一次只处理一个样本，虽然足够灵活但是效率过于低下。所以，在实际的深度学习模型训练时，选择一个不大不小的 batch-size(执行一次梯度下降所需要的样本量)就显得格外重要了。

那么如何选择合适的 batch-size 呢？这个问题没有标准答案，一般而言，需要根据训练的数据量来定，也需要不断地试验。通常而言，batch-size 过小会使得算法偏向 SGD 一点，失去向量化带来的加速效果，算法也不容易收敛，但若是盲目增大 batch-size，一方面会占用更多内存，另一方面是梯度下降的方向很难再有变化，进而影响训练精度。所以，一个合适的 batch-size 对于深度学习的训练来说非常重要，合适的 batch-size 会提高内存的利用率，向量化运算带来的并行效率会提高，跑完一轮训练所需要的迭代次数也会减少，训练速度会加快，这便是 MBGD 的作用。

总之，无论是 GD、MBGD 还是 SGD，它们的本质都是基于梯度下降的算法策略，三者的区别在于执行一次运算所需要的样本量不同。GD、MBGD 和 SGD 的优化过程，如图 3.2 所示。

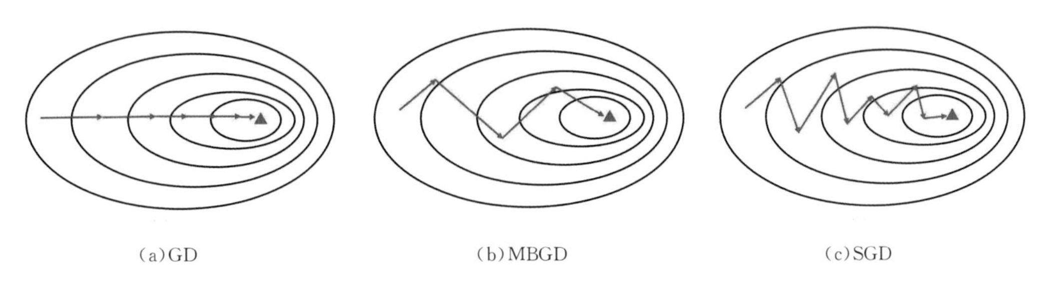

(a)GD　　(b)MBGD　　(c)SGD

图 3.2　GD、MBGD 和 SGD 的优化过程

3.4 从 Momentum 到 Adam

将梯度下降法分成小批量进行处理，运算效率并不慢。但有人还是觉得慢，特别是在超大的训练数据集面前训练速度仍然“不过瘾”。如图 3.3 所示，从纵轴方向来看，梯度下降法有明显的频繁摆动，我们希望算法在纵轴上不要这么频繁地摆动，能慢一点；但在横轴上，我们希望加快学习速率，算法能够从左到右快速地收敛到极小值。

于是有人便基于移动加权的思想，给梯度下降带上了历史梯度的成分来进一步加快速度。这种基于历史梯度和当前梯度进行加权计算的梯度下降法便是动量梯度下降法（Momentum），如图 3.4 所示。

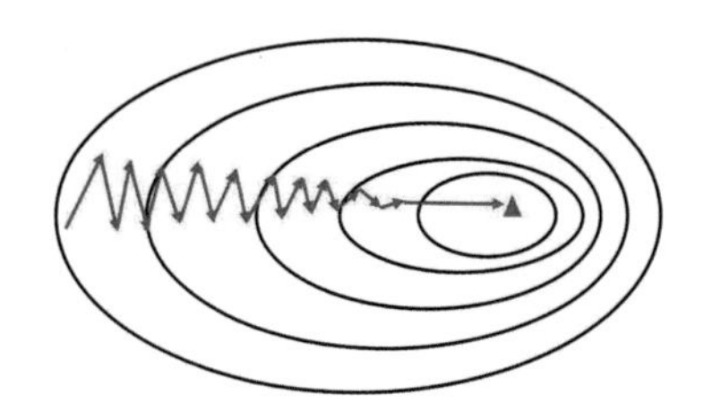

图 3.3 梯度下降过程

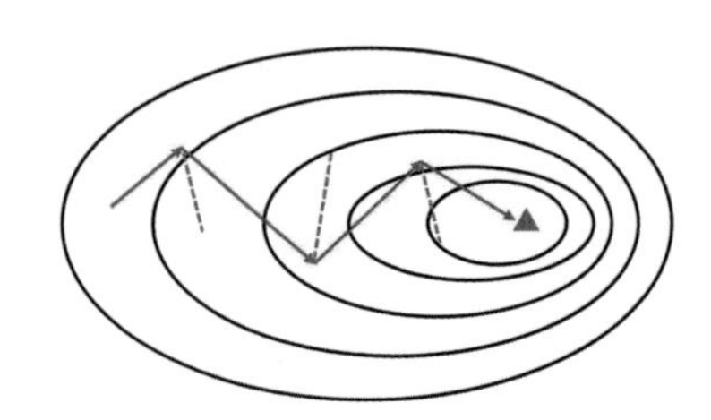

图 3.4 Momentum 的图示过程

Momentum 的计算公式如式(3.5)和式(3.6)所示。

$$\begin{cases} v_{dw} = \beta v_{dw} + (1-\beta)dw \\ w = w - \alpha v_{dw} \end{cases} \tag{3.5}$$

$$\begin{cases} v_{db} = \beta v_{db} + (1-\beta)db \\ b = b - \alpha v_{db} \end{cases} \tag{3.6}$$

假设以 v 为历史梯度，不同于梯度下降法的是，现在有了两个超参数，除学习率 α 之外，还多了一个控制梯度加权的参数 β 。β 作为超参数通常取值为 0.9，表示平均了经过 10 次迭代的梯度。这里可以把经过梯度加权后的梯度 v 理解为速率，在进行参数更新时，以速率代替原来的梯度进行更新。以上便是 Momentum 的基本原理。

后来，又有人觉得 Momentum 不够快，便在 Momentum 的基础上继续进行改进，让梯度下降在横轴上更快、在纵轴上更慢，于是就有了均方根加速算法（RMSProp）。那么 RMSProp 对于Momentum到底做了哪些改进使得训练速度更快呢？RMSProp 最大的变化在于，进行历史梯度加权时对当前梯度取了平方，并在参数更新时让当前梯度对历史梯度的开根号后的值做了除法运算。

假设以神经网络的权值 w 的更新方向为横轴方向，偏置 b 的更新方向为纵轴方向，根据前面的表述，我们的目的是要加快横轴的速度而减缓纵轴的速度。所以，在进行参数更新时，我们会希望 S_{dw} 较小而 S_{db} 较大（相较于 Momentum，RMSProp 用 S 代替了原先的 v），利用梯度除以二者的均方根正好可以达到这一效果。RMSProp 的计算公式如式(3.7)～式(3.10)所示。

$$S_{dw}=\beta S_{dw}+(1-\beta)(dw)^2 \tag{3.7}$$

$$S_{db}=\beta S_{db}+(1-\beta)(db)^2 \tag{3.8}$$

$$w=w-\alpha\frac{dw}{\sqrt{S_{dw}}} \tag{3.9}$$

$$b=b-\alpha\frac{db}{\sqrt{S_{db}}} \tag{3.10}$$

在这么多优秀的梯度算法的支撑下，继续介绍最后一种深度学习优化算法——自适应矩估计算法(Adam)。Adam 是一种将 Momentum 和 RMSProp 结合起来的优化算法，是于 2014 年提出的一种优秀的深度学习优化器。因为 Adam 是 Momentum 和 RMSProp 的理论综合，所以这里就不对 Adam 理论做过多阐述了。下面以直接权值 w 的更新为例来看 Adam 的计算公式，如式(3.11)所示。

$$\begin{cases} v_{dw}=\beta_1 v_{dw}+(1-\beta_1)\dfrac{\partial J}{\partial w} \\ v_{dw}^{\text{corrected}}=\dfrac{v_{dw}}{1-(\beta_1)^t} \\ S_{dw}=\beta_2 S_{dw}+(1-\beta_2)\left(\dfrac{\partial J}{\partial w}\right)^2 \\ S_{dw}^{\text{corrected}}=\dfrac{S_{dw}}{1-(\beta_1)^t} \\ w=w-\alpha\dfrac{v_{dw}^{\text{corrected}}}{\sqrt{S_{dw}^{\text{corrected}}}+\varepsilon} \end{cases} \tag{3.11}$$

这里简单描述一下 Adam 算法的计算过程：首先对 v_{dw} 和 S_{dw} 进行参数初始化，利用 Momentum 进行梯度加权计算。然后对加权后的梯度进行偏差纠正，这里的参数 t 为迭代次数，β_1 为 Momentum 的梯度加权超参数。之后利用 RMSProp 进行基于梯度平方的更新，并进行偏差纠正。最后将基于 Momentum 和 RMSProp 的梯度值进行最终的权值更新。其中 β_2 为 RMSProp 的梯度加权超参数；ε 为防止分母为零的超参数，通常为一个很小的值。

Adam 算法优点众多，颇受深度学习“炼丹师”的喜爱，这里给大家简单介绍几个：在同等数据量的情况下，Adam 算法占用内存更少，超参数相对固定，几乎不需要怎么调整，特别适用于大量训练数据的场景，且对梯度稀疏和梯度噪音有很大的容忍性。

本讲简单介绍了深度学习中的常用优化算法，至于更多的算法理论细节和代码实现，还需要读者找来相应的论文进行认真研读。还有一些像加速梯度下降法(Nesterov Accelerated Gradient,NAG)等算法并没有提及,对深度学习优化算法感兴趣的读者可以找来相关资料进行深入研究。

本讲习题

在实际的深度学习调优过程中,学习率(Learning Rate)是最重要的一个超参数。读者可以查阅相关资料并结合个人实践经验,了解在实际的神经网络调优中都有哪些学习率调参技巧。

第 4 讲

卷积神经网络

本书前三讲介绍了神经网络的基本原理、优化方法和训练算法等基础知识，主要针对的是以 BP 算法为支撑的深度神经网络。本讲将介绍一种用途更为广泛、性能更加优越的神经网络结构——卷积神经网络（Convolutional Neural Network, CNN）。CNN 在图像识别、目标检测和语义分割等计算机视觉领域有着广泛的应用。

4.1 CNN 发展简史与相关人物

早在 20 世纪 60 年代的时候，生物神经学领域的相关研究就表明，生物视觉信息从视网膜传递到大脑是由多个层次的感受野逐层激发完成的。到了 20 世纪 80 年代，出现了相应的早期感受野的理论模型。这一阶段是早期的朴素卷积网络理论时期。

1985 年，Rumelhart 和 Hinton 等人提出了 BP 神经网络，也就是使用著名的反向传播算法来训练神经网络模型。这基本奠定了神经网络的理论基础，如今大家在谷歌学术上可以看到，提出 BP 算法的这篇论文的引用次数是 24914(这个数字随时都在变化)，如图 4.1 所示。所以，如果你的论文里引用了 BP 算法，那么这个数字还会继续往上涨。

Learning internal representations by error propagation
DE Rumelhart, GE Hinton, RJ Williams - 1985 - apps.dtic.mil
This paper presents a generalization of the perception learning procedure for learning the correct sets of connections for arbitrary networks. The rule, falled the generalized delta rule, is a simple scheme for implementing a gradient descent method for finding weights that minimize the sum squared error of the sytem's performance. The major theoretical contribution of the work is the procedure called error propagation, whereby the gradient can be determined by individual units of the network based only on locally available information ...
☆ 99 被引用次数：24914 相关文章 所有 31 个版本 ≫

图 4.1 提出 BP 算法的论文

有了此前的理论积累，在 BP 算法提出三年之后，如今深度学习三巨头之一的 Yann LeCun 发现可以用 BP 算法来训练一种构造出来的多层卷积网络，并用其训练出来的卷积网络识别手写数字。1989 年，LeCun 正式提出了卷积神经网络(CNN)的概念①。因而，现在当提到 Yann LeCun 这个人物时，除深度学习三巨头的名号之外，他还有个名号就是深度学习之父。图 4.2 所示这四位深度学习顶级大咖中最左边这位就是 Yann LeCun。

至于图 4.2 中的其他人，在此也一并介绍一下。除从左向右第一位卷积神经网络之父的 Yann LeCun 之外，第二位是前文提到的发明反向传播算法之一的 Geoffrey Hinton，第三位则是在 RNN 和序列模型领域成就颇丰的 Yoshua Bengio，这三位便是前面所说的深度学习三巨头，是他们支撑起了深度学习的发展。第四位便是我们熟悉的吴恩达(Andrew Ng)。大家若想更多地了解以上深度学习人物的故事，可以参看吴恩达对三位大神的采访，看他们对大家学习机器学习和深度学习是怎样建议的。

---

① LeCun Y, Boser B, Denker J S, et al. Backpropagation Applied to Handwritten Zip Code Recognition[J]. Neural Computation, 1989, 1(4): 541-551.

图 4.2　深度学习三巨头和吴恩达

继续来看 CNN 的发展历程。LeCun 正式提出 CNN 之后，经过多年的酝酿，于 1998 年提出了 CNN 的开山之作——LeNet5 网络。提出 LeNet5 的这篇论文引用次数已达 21444 次（这个数字随时都在变化），如图 4.3所示。

[PDF] Gradient-based learning applied to document recognition
Y LeCun, L Bottou, Y Bengio, P Haffner - Proceedings of the IEEE, 1998 - yann.lecun.com
Multilayer Neural Networks trained with the backpropagation algorithm constitute the best example of a successful Gradient-Based Learning technique. Given an appropriate network architecture, Gradient-Based Learning algorithms can be used to synthesize a complex decision surface that can classify high-dimensional patterns such as handwritten characters, with minimal preprocessing. This paper reviews various methods applied to handwritten character recognition and compares them on a standard handwritten digit recognition task ...
☆ 99 被引用次数：21444 相关文章 所有 63 个版本 »

图 4.3　提出 LeNet5 的论文

进入 21 世纪后，由于计算能力不足和可解释性较差等多方面的原因，神经网络的发展经历了短暂的低谷。直到 2012 年 AlexNet 在 ImageNet 竞赛上一举夺魁，此后大数据逐渐兴起，以 CNN 为代表的深度学习方法逐渐成为计算机视觉、语音识别和自然语言处理等领域的主流方法，CNN 才真正实现开宗立派。

4.2 卷积的含义

从前面的学习中，我们了解了 DNN 的一般结构、前向传播和反向传播机制，而 CNN 相较于 DNN，其主要区别在于卷积层（Convolutional Layer），卷积层的存在使得神经网络具备更强的学习和特征提取能力。除卷积层之外，池化层（Pooling Layer）的存在也使得 CNN 有着更强的稳定性，最后则是 DNN 中常见的全连接层（Fully Connected Layer），全连接层可以起到分类器的作用。一个典型的 CNN 通常包括这三层。CNN 的基本结构如图 4.4 所示。

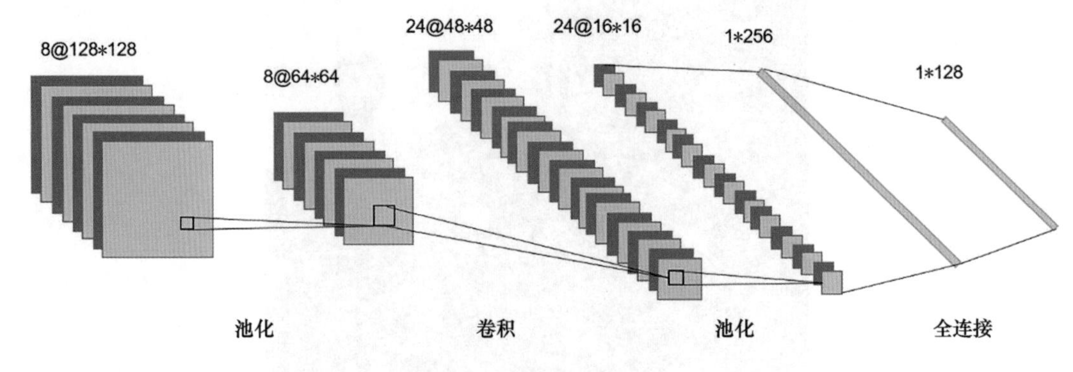

图 4.4　CNN 的基本结构

介绍了这么多 CNN 的知识,想必很多人还没弄明白到底什么是卷积?

从数学的角度来看,卷积可以理解为一种类似于加权运算的操作。在图像处理中,针对图像的像素矩阵,卷积操作就是用一个卷积核来逐行逐列的扫描像素矩阵,并与像素矩阵做元素相乘,以此得到新的像素矩阵,这个过程就是卷积。其中卷积核也叫作过滤器或滤波器,滤波器在输入像素矩阵上扫过的面积称为感受野。这么说可能过于概念化,下面以一个具体的例子来介绍卷积操作,如图 4.5 所示。

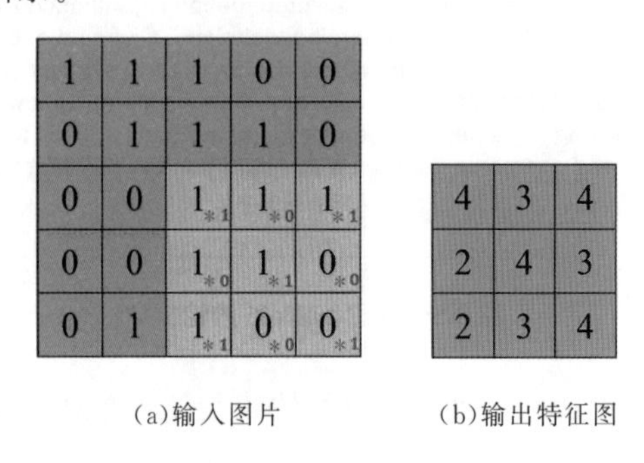

(a)输入图片　　(b)输出特征图

图 4.5　卷积操作

在图 4.5 中,用一个 3 * 3 的滤波器扫描一个 5 * 5 的像素矩阵,用滤波器中每一个元素与像素矩阵中感受野内的元素进行乘积运算,可得到一个 3 * 3 的输出像素矩阵,这个输出的3 * 3像素矩阵能够较大程度地提取原始像素矩阵的图像特征,这也是卷积神经网络之所以有效的原因。下面以输出像素矩阵中第一个元素 4 为例,演示一下计算过程:

$$1*1+1*0+1*1+1*0+1*1+0*0+1*1+0*0+0*1=4$$

这里你可能会问,如何确定经过卷积后的输出矩阵的维度?这是有计算公式的。假设原始输入像素矩阵的 shape 为 $n*n$,滤波器的 shape 为 $f*f$,那么输出像素矩阵的 shape 为 $(n-f+1)*(n-f+1)$。例如,用 3 * 3 的滤波器扫描一个 5 * 5 的输入图像,按照公式计算输出就是 $(5-3+1)*(5-3+1)=3*3$。在训练卷积网络时,需要初始化滤波器中的卷积参数，在训练中不断迭代得到最好的滤波器参数。

大体上卷积操作就是这么个过程，看起来十分简单。这也是目前大多数深度学习教程对于卷积的阐述方式。下面再来深究一下，究竟卷积为什么要这么设计，背后有没有什么数学和物理意义呢？追本溯源，先回到数学教科书中来看卷积。在泛函分析中，卷积也叫作旋积或褶积，是一种通过两个函数 $x(t)$ 和 $h(t)$ 生成的数学算子。其计算公式如下。

连续形式：
$$x(t)h(t)(\tau)=\int_{-\infty}^{+\infty}x(\tau)h(t-\tau)\mathrm{d}t \tag{4.1}$$

离散形式：
$$x(t)h(t)(\tau)=\sum_{\tau=-\infty}^{\infty}x(t)h(t-\tau) \tag{4.2}$$

公式写得很清楚了，两个函数的卷积就是先将一个函数进行翻转（Reverse），然后再做一个平移（Shift），这便是“卷”的含义；而“积”就是将平移后的两个函数对应元素相乘求和。所以，卷积本质上就是一个翻转平移加权求和（Reverse-Shift-Weighted Summation）的操作。那么为什么要卷积？直接元素相乘不行吗？就图像的卷积操作而言，卷积能够更好地提取区域特征，使用不同大小的卷积算子能够提取图像各个尺度的特征，卷积这么设计的原因也正在于此。

接着前面的卷积图像处理操作，这里需要注意两个问题：第一个问题是滤波器移动的步长（Stride）问题，上面例子中滤波器的移动步长为 1，即在像素矩阵上一格一格地平移。但如果滤波器是以两个单位或更多单位平移呢？这里就涉及卷积过程中的 Stride 问题。第二个问题涉及卷积操作的两个缺点，第一个缺点在于每次做卷积，图像就会变小，可能做了几次卷积之后，图像就变成 1＊1 了；第二个缺点在于原始输入像素矩阵的边缘和角落的像素点只能被滤波器扫到一次，而靠近像素中心点的像素点则会被多次扫到进行卷积，从而使得边缘和角落里的像素特征提取不足，这里就涉及卷积过程中的填充（Padding）问题。

针对第一个问题，也就是卷积步长问题，其实也很简单，就是按照正常的卷积过程去操作，只不过每次要多走一个像素单位。下面来看卷积步长为 2 的卷积操作示例，如图 4.6 所示。

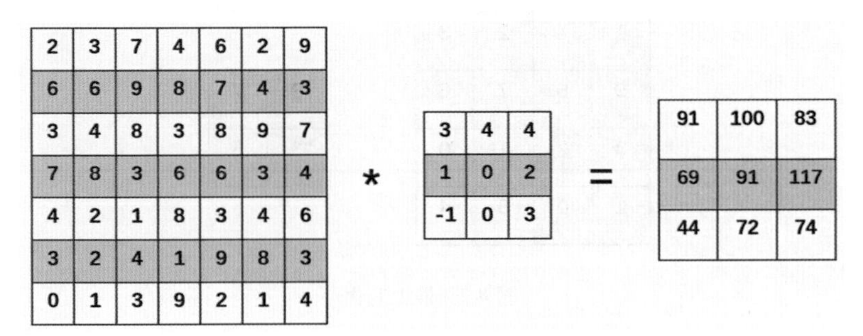

图 4.6　卷积步长为 2 的卷积操作示例

这里用一个 3＊3 的滤波器去对原始像素为 7＊7 的图像进行卷积操作，设定卷积步长为 2，可以看到输出像素矩阵的第二行第一个元素 69 的计算跨越了两个像素格点，计算过程如下。

$$3*3+4*4+8*4+7*1+8*0+3*2+4*-1+2*0+1*3=69$$

加入步长之后，输出像素矩阵的 shape 计算公式需要更新为 $((n-f)/s+1)*((n-f)/s+1)$，其中 s 为步长。

针对第二个问题，卷积神经网络采用一种叫作 Padding 的操作，即对原始像素边缘和角落进行零填充，以期能够在卷积过程中充分利用边缘和角落的像素特征。至于选择填充多少像素，一般有两个选择，一个是 Valid 填充，也就是不填充；另一个是 Same 填充，即填充后，输入和输出大小是一致的，对于 $n*n$ 大小的输入像素，如果填充了 p 个像素点之后，n 就变成了 $n+2p$，最后输出像素的 shape 计算公式就变成了 $((n+2p-f)/s+1)*((n+2p-f)/s+1)$，要想让 $n+2p-f+1=n$，即输入和输出大小相等，则 $p=(f-1)/2$。所以，在正常情况下滤波器的大小 f 都会选择为奇数。

以上便是 CNN 中卷积的基本过程描述。一个完整的卷积神经网络除最重要的卷积层之外，还有池化层和全连接层。

4.3 池化和全连接

通常在设计卷积网络结构时，卷积层后会跟着一个池化层。池化(Pooling)的操作类似于卷积，只是将滤波器与感受野之间的元素相乘改成了对感受野直接进行最大采样。简单来说，池化层是用来缩减模型大小，提高模型计算速度及提高所提取特征的鲁棒性。池化操作通常有两种，一种是常用的最大池化(Max Pooling)，另一种是不常用的平均池化(Average Pooling)。池化操作过程也非常简单，假设池化层的输入为一个 4＊4 的图像，这里用最大池化对其进行池化，执行最大池化的池化核是一个 2＊2 的矩阵，执行过程就是将输入矩阵拆分为不同区域，对于 2＊2 的输出而言，输出的每个元素都是其对应区域的最大元素值。最大池化如图 4.7 所示。

1	1	2	3
9	6	7	6
3	2	1	0
1	0	5	4

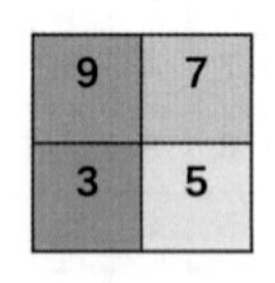

图 4.7　最大池化

最大池化过程就像是应用了一个 2＊2 的滤波器以步长为 2 进行区域最大化输出操作。这里可以这么理解：池化的参数就是滤波器的大小 f 和步长 s，池化的效果就相当于对输入图像的高度和宽度进行缩小。值得注意的是，最大池化只是计算神经网络某一层的静态属性，中间并没有什么学习过程。

池化完成之后就是标准神经网络中的全连接层了。对于全连接层，本书前三讲深度神经网络中已有详细描述，在此不再赘述。总之，一个典型的卷积网络通常包括卷积层、池化层和全连接层。

CNN 发展到如今，人们早已不满足常规的卷积方式设计，除此之外，针对三维图像的 3D 卷积、在图像分割中应用广泛的转置卷积、GoogLeNet 中常用的 1 * 1 卷积、基于 1 * 1 卷积的深度可分离卷积、为扩大感受野而设计的空洞卷积等各种花式卷积方式不断地出现在各种 CNN 结构设计中，感兴趣的读者可以逐一深入了解。

本讲在介绍卷积神经网络发展历程的基础上，对卷积的基本过程进行了详细地描述，之后又介绍了卷积神经网络的另外两大组成部分——池化和全连接。一个典型的卷积网络结构设计通常包括卷积层、池化层和全连接层三个部分。本书第 5 讲将和大家继续深入讨论卷积神经网络的结构、训练等内容。

本讲习题

尝试在不使用深度学习框架的基础上利用 Numpy 实现 CNN 的反向传播过程。

第5讲

CNN 图像学习过程与可视化

CNN 目前已成为图像识别领域的主流方法。为什么 CNN 对于图像处理会如此有效？CNN 在每一层的学习模型中都“学”到了什么？本讲将在第 4 讲的基础上对 CNN 的图像识别过程进行深入探讨。CNN 的图像学习是从浅层简单特征逐层深入复杂特征的学习过程，本讲会以 MNIST 数据集为例来实际验证 CNN 的学习过程。

5.1 CNN 的直观理解

自从神经网络诞生以来，可解释性问题一直伴随其发展始终。曾经一度因为可解释性问题，神经网络的发展遭遇低谷。在很多人看来，深度神经网络除输入和输出之外，中间很深的隐藏层网络就像个黑箱子，很难解释在模型训练过程中这些黑箱子里发生了什么。作为一个尚有争论和正在研究的问题，这里暂且不对神经网络的可解释性做过多的阐述，而是选择从可视化的角度来观察 CNN 的每一层在图像识别过程中到底都"学"到了什么。

一个合理的猜想就是 CNN 在学习过程中是逐层对图像特征进行识别和检测的。在深度卷积网络中，前面的一些网络层用于检测图像的边缘特征（包括图像的基轮廓这样的特征），中间的一些网络层用于检测图像物体的部分区域，靠后的一些网络层则用于检测图像中完整的物体。也就是说，深度卷积网络的不同层负责检测输入图像的不同层级的图像特征。

如图 5.1 所示，CNN 在训练过程中，先是检测到横竖这样的较简单的初始级特征，然后中间一些网络层检测到人脸的眼睛和鼻子之类的特征，最后再检测到整张人脸。

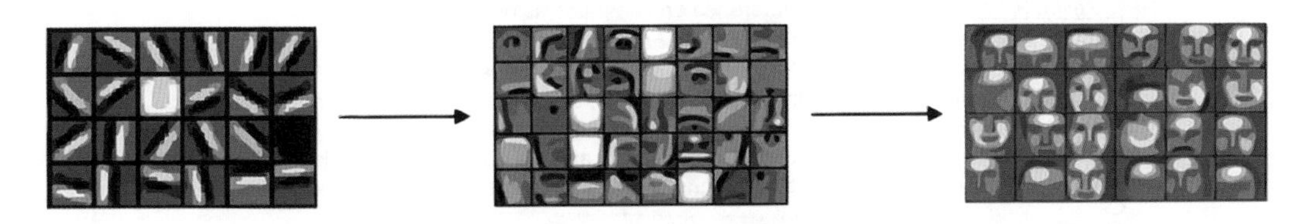

图 5.1　CNN 的人脸检测过程

假设给计算机看一张图片，想让计算机弄清楚这张图片里都有哪些物体。那么 CNN 的第一步就是要做图像边缘检测。作为图像处理的基本问题，边缘检测的目的就是检测出图像中亮度变化和特征较为明显的点和线。以图 5.2 为例，卷积网络要对这张图片做边缘检测，一开始可能需要检测到图像的一些垂直边缘特征，然后再检测到图像的一些水平边缘特征。

(a)原图

(b)垂直边缘特征

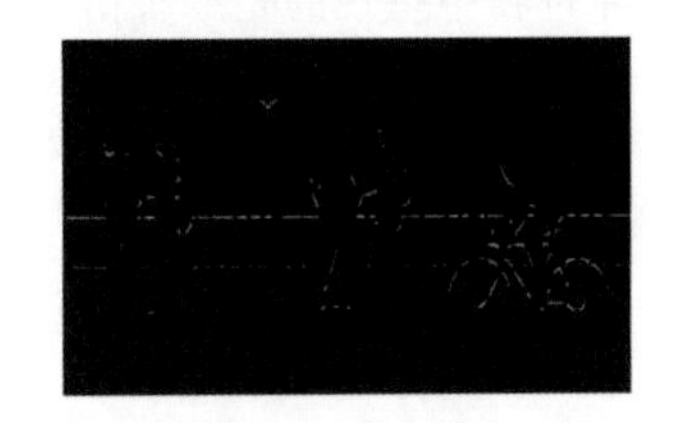

(c)水平边缘特征

图 5.2　垂直边缘特征和水平边缘特征

假设图 5.3 中的输入图像大小为 6 * 6 * 1，即该图像是一个灰度图。下面用一个 3 * 3 * 1 的具备垂直边缘特征检测功能的卷积核对其进行卷积，得到的输出便是具备垂直边缘特征的特征图。

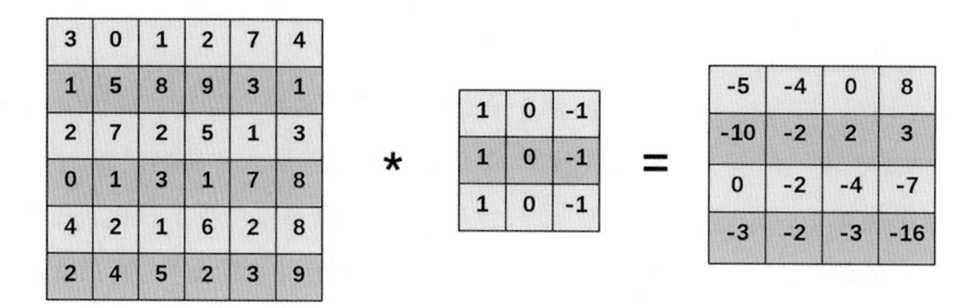

图 5.3 垂直边缘特征检测过程

2014 年，Zeiler 等人在欧洲计算机视觉国际会议（ECCV）上发表了一篇基于可视化角度理解 CNN 的经典论文，可谓 CNN 可视化的开山之作。作为学习计算机视觉和深度学习的必读论文，这篇经典论文的引用次数已达 7262 次（这个数字随机都在变化），如图 5.4 所示。对 CNN 可视化感兴趣的读者一定不要错过这篇论文。

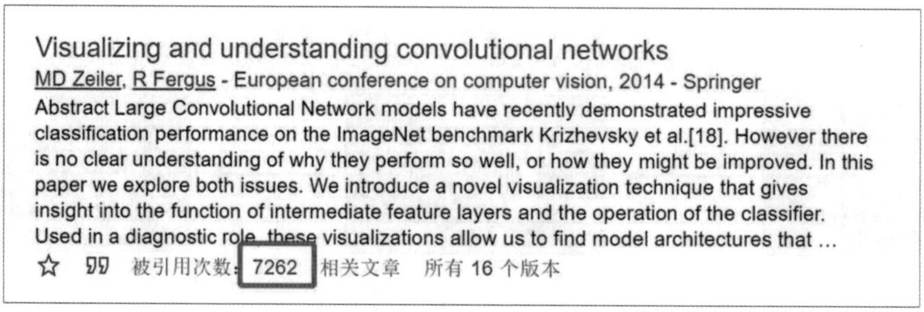

Visualizing and understanding convolutional networks
MD Zeiler, R Fergus - European conference on computer vision, 2014 - Springer
Abstract Large Convolutional Network models have recently demonstrated impressive classification performance on the ImageNet benchmark Krizhevsky et al.[18]. However there is no clear understanding of why they perform so well, or how they might be improved. In this paper we explore both issues. We introduce a novel visualization technique that gives insight into the function of intermediate feature layers and the operation of the classifier. Used in a diagnostic role, these visualizations allow us to find model architectures that ...
☆ 99 被引用次数: 7262 相关文章 所有 16 个版本

图 5.4 CNN 可视化的开山之作

这篇论文全篇没有一个公式，完全用实验的方式展示了如何通过 CNN 训练过程中的特征，可视化展示网络训练效果，并可以直观地看到实验过程中对网络的调整是否有效。论文中的卷积网络训练过程中逐层的特征可视化效果，如图 5.5 所示。从图 5.5 中可以看出，CNN 在图像学习过程中呈现的是一种由简单特征到复杂特征的逐层学习的特点。

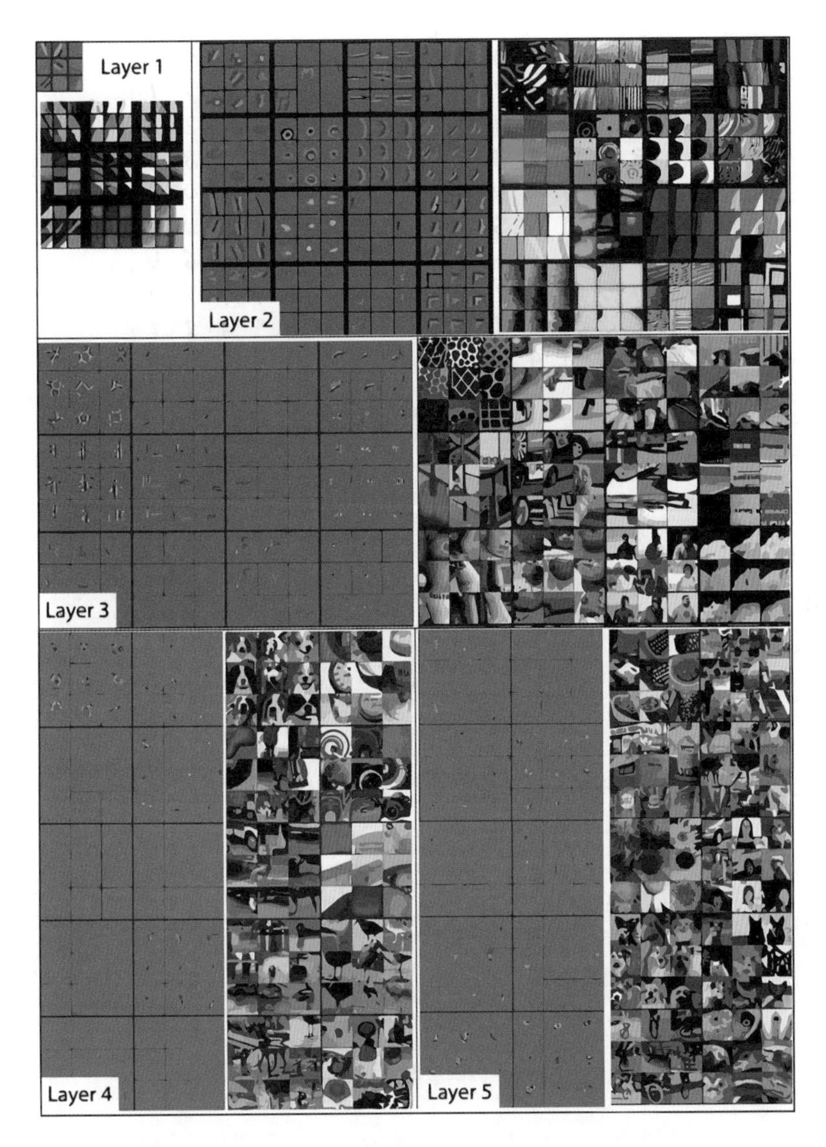

图 5.5 卷积网络训练过程中逐层的特征可视化效果

以上便是 CNN 做图像识别训练时逐层的可视化展示。

5.2 CNN 图像学习的可视化

在卷积网络基本原理的基础上，本节用基于 MNIST 数据集的例子来展示一下 CNN 是如何逐层进行学习的。MNIST 数据集是 Yann Lecun 构建的一个研究深度学习的手写数字数据集。MNIST 数据集由 70000 张不同人手写的 0～9 十个数字的灰度图组成，0～9 这 10 个数字展示如图 5.6 所示。

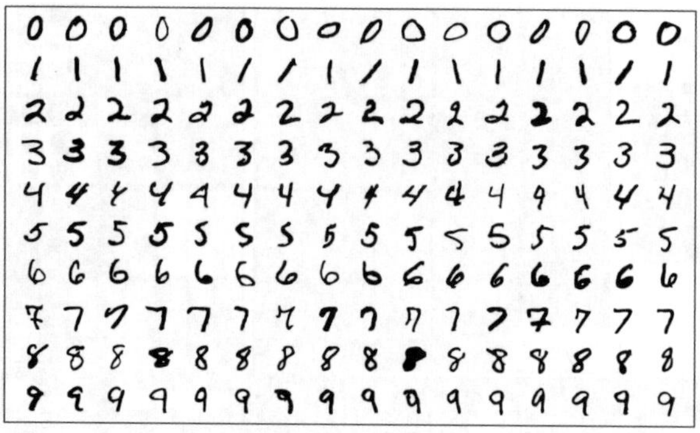

图 5.6 MNIST 数据集

若是从特征角度来看这些数字图片，如数字 1 和 7 的图片中存在着大量的垂直边缘特征，对于卷积网络来说，检测并识别出它们非常容易。图 5.7 所示是 MNIST 数据集中数字 8 的像素点分布。

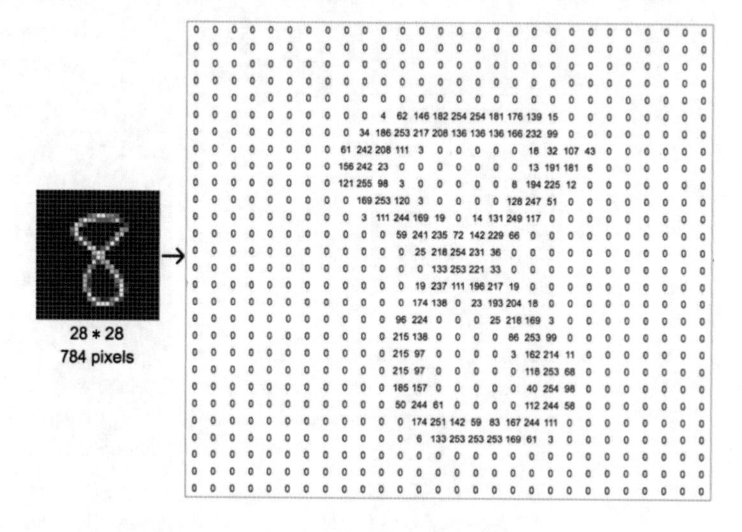

图 5.7 MNIST 数据集中数字 8 的像素点分布

下面就基于 Keras 来搭建一个多层 CNN 模型对 MNIST 图像识别过程进行可视化展示，来看看每一层卷积到底都“学”到了什么。Keras 是 TensorFlow 的一个高级 API，可以方便我们快速地进行深度学习实验。

基本做法如下：首先对输入图像进行 shape 重塑，然后添加第一层卷积，接着紧跟着一层池化，之后添加第二层卷积，最后是两层全连接层。这是很常规的 CNN 架构，Keras 网络搭建如代码 5.1 所示。

代码 5.1 CNN MNIST

```
# 导入相关模块
from keras import Model
from keras.layers import Activation, Conv2D, Dense, Flatten
from keras.layers import Input, MaxPooling2D, Reshape, Dropout
```

```
# 指定输入大小
input_shape = (784,)
# 输入层
input_layer = Input(input_shape)
x = input_layer
# 对输入进行重塑
x = Reshape((28, 28, 1))(x)
# 16*5*5 卷积
x = Conv2D(16, (5, 5))(x)
# 2*2 最大池化
x = MaxPooling2D((2, 2))(x)
# 16*3*3 卷积
x = Conv2D(16, (3, 3))(x)
# 展平
x = Flatten()(x)
# 全连接层
x = Dense(120)(x)
# 添加 Dropout 控制过拟合
x = Dropout(0.25)(x)
# 全连接层,指定分类个数
x = Dense(10)(x)
# softmax 激活输出
x = Activation('softmax')(x)
output_layer = x
# 将输入、输出传入模型中并打印模型概要
model = Model(input_layer, output_layer)
model.summary()
```

Keras CNN 模型结构和参数数量如图 5.8 所示。

对该模型执行编译和训练,如代码 5.2 所示。

代码 5.2　CNN 模型编译和训练

```
# 导入相关模块
from keras.optimizers import Adam
from keras.losses import categorical_crossentropy
from keras.utils import np_utils
# 模型编译
model.compile(optimizer=Adam(lr=0.0025, decay=0.0),
              loss=categorical_crossentropy,
              metrics=['accuracy'])
# 模型训练
model.fit(x=data.train.images,
          y=np_utils.to_categorical(data.train.labels),
          epochs=10, batch_size=128)
```

```
Layer (type)                 Output Shape              Param #
=================================================================
input_1 (InputLayer)         (None, 784)               0
_________________________________________________________________
reshape_1 (Reshape)          (None, 28, 28, 1)         0
_________________________________________________________________
conv2d_1 (Conv2D)            (None, 24, 24, 16)        416
_________________________________________________________________
max_pooling2d_1 (MaxPooling2 (None, 12, 12, 16)        0
_________________________________________________________________
conv2d_2 (Conv2D)            (None, 10, 10, 16)        2320
_________________________________________________________________
flatten_1 (Flatten)          (None, 1600)              0
_________________________________________________________________
dense_2 (Dense)              (None, 120)               192120
_________________________________________________________________
dropout_1 (Dropout)          (None, 120)               0
_________________________________________________________________
dense_3 (Dense)              (None, 10)                1210
_________________________________________________________________
activation_1 (Activation)    (None, 10)                0
=================================================================
Total params: 196,066
Trainable params: 196,066
Non-trainable params: 0
```

图 5.8　Keras CNN 模型结构和参数数量

做 10 次循环迭代计算，如图 5.9 所示。

```
Epoch 1/10
55000/55000 [==============================] - 74s 1ms/step - loss: 0.2212 - acc: 0.9323
Epoch 2/10
55000/55000 [==============================] - 74s 1ms/step - loss: 0.0594 - acc: 0.9825
Epoch 3/10
55000/55000 [==============================] - 123s 2ms/step - loss: 0.0401 - acc: 0.9874
Epoch 4/10
55000/55000 [==============================] - 144s 3ms/step - loss: 0.0317 - acc: 0.9903
Epoch 5/10
55000/55000 [==============================] - 129s 2ms/step - loss: 0.0266 - acc: 0.9917
Epoch 6/10
55000/55000 [==============================] - 132s 2ms/step - loss: 0.0226 - acc: 0.9933
Epoch 7/10
55000/55000 [==============================] - 133s 2ms/step - loss: 0.0193 - acc: 0.9940
Epoch 8/10
55000/55000 [==============================] - 127s 2ms/step - loss: 0.0187 - acc: 0.9941
Epoch 9/10
55000/55000 [==============================] - 124s 2ms/step - loss: 0.0173 - acc: 0.9944
Epoch 10/10
55000/55000 [==============================] - 132s 2ms/step - loss: 0.0142 - acc: 0.9955
```

图 5.9　Keras CNN 模型训练过程

从图 5.9 中可以看出，10 轮训练后的模型准确率达到了 0.9955，可以说是一个相当高的准确率了。下面就来看一下输入图像经过第一层卷积和第二层卷积之后结果的可视化展示。

首先定义一个绘制卷积层输出结果的绘图函数，以卷积核的平方根数量为绘图的格点，即绘制一个 $\sqrt{卷积核数量} * \sqrt{卷积核数量}$ 的图矩阵；然后对卷积层输出结果进行遍历绘图，采用最近邻插值法，颜色映射为 binary，如代码 5.3 所示。

代码 5.3 绘制卷积输出

```
# 导入相关模块
import math
import matplotlib.pyplot as plt
# 定义绘制卷积输出函数
def plot_conv_output(featuremap):
    num_filters = featuremap.shape[3]
    num_grids = math.ceil(math.sqrt(num_filters))
    fig, axes = plt.subplots(num_grids, num_grids)
    for i, ax in enumerate(axes.flat):
        if i < num_filters:
            img = featuremap[0, :, :, i]
            ax.imshow(img,
                      interpolation='nearest',
                      cmap='binary')
        ax.set_yticks([])
        ax.set_yticks([])
    plt.show();
```

首先把模型的第一层卷积的相关层找出来,模型输入就是网络的第一层,第一层卷积就是模型的第二层,如代码 5.4 所示。

代码 5.4 取出第一层卷积

```
# 输入层
layer_input = model.layers[0]
# 第一层卷积
layer_conv1 = model.layers[2]
layer_conv1
```

输出结果如下。

```
<keras.layers.convolutional.Conv2D at 0x20e42b89c18>
```

然后通过 Keras 提供的后端函数定义第一层卷积的输出结果函数,传入输入和输出,如代码 5.5 所示。

代码 5.5 获取第一层卷积输出

```
# 导入 Keras 后端模块
from keras import backend as K
# 定义第一层卷积输出函数
output_conv1 = K.function(inputs=[layer_input.input],
                          outputs=[layer_conv1.output])
# 传入一张图像并输出结果
layer_output1 = output_conv1([[data.train.images[2]]])[0]
layer_output1.shape
```

输出结果如下。

```
(1, 24, 24, 16)
```

这里取一张图片作为展示示例，第一层卷积后图像输出结果大小为 24 * 24 * 16，符合之前对于模型第一层卷积结构的定义。

最后执行前面定义的卷积层绘图函数，第一层卷积后的可视化结果如图 5.10 所示。

可以看到，MNIST 数据集经过一层卷积之后可视化的结果就已经相当清晰了，足以达到识别的效果，能够看出是"9"这个数字。按照同样的方法，对第二层卷积进行同样的展示，第二层卷积后的可视化结果如图 5.11 所示。

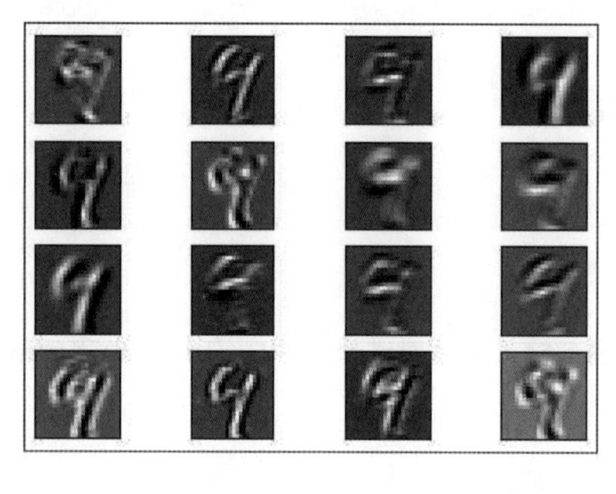

图 5.10 第一层卷积后的可视化结果

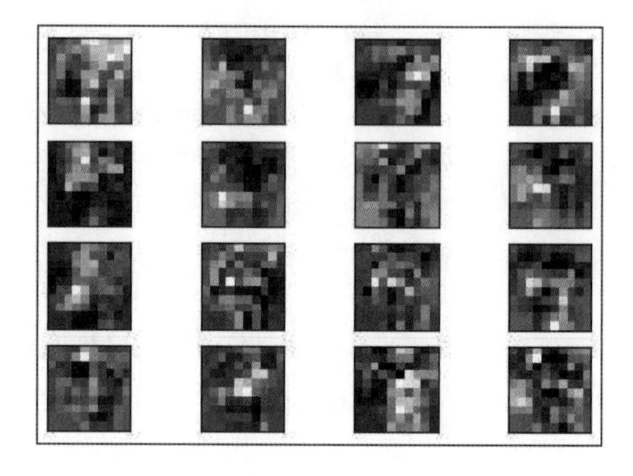

图 5.11 第二层卷积后的可视化结果

从可视化结果来看，相较于第一层卷积后的结果，经过第二层卷积之后，卷积可视化展示出的结果反而不如第一层卷积后那样清晰，这似乎并不是我们期待的结果，CNN 图像学习不应该是经过多层卷积特征提取之后，可视化结果越来越清晰吗？实际上，这个结果与本节之前的阐述并不冲突。一方面，MNIST 图像数据特征过于简单，一层卷积就足以提取出全部数字特征，可能并不足以展现图像特征学习的层次特点；另一方面，CNN 图像分类是一个不断提取语义信息，也就是提取图像类别信息的过程，这也是分类任务为什么要使用全连接层对卷积层输出进行聚合的原因。对 CNN 可视化感兴趣的读者可以更换更加复杂的数据进行尝试，看看是否能够展现 CNN 图像学习的特征层级。

本讲习题

尝试使用 CIFAR-10 数据集来复现本讲所展示的 CNN 可视化过程。

第 6 讲

CNN 图像分类：从 LeNet5 到 EfficientNet

在对卷积的含义有了一定的理解之后，便可对 CNN 在最简单的计算机视觉任务图像分类中的经典网络进行探索。 CNN 在近几年的发展历程中，从经典的 LeNet5 网络到最近号称最好的图像分类网络EfficientNet，大量学者为此做出了努力和创新。 本讲就来梳理经典的图像分类网络。

6.1 计算机视觉的三大任务

自从神经网络和深度学习方法引入图像领域，经过近些年的发展，从一开始的图像分类逐渐延伸到目标检测和图像分割领域，深度学习也逐渐在计算机视觉领域中占据绝对的主导地位。如果想要利用深度学习技术开启计算机视觉领域的研究，那么明确并深刻理解计算机视觉的三大任务非常关键。计算机视觉的三大任务如图 6.1 所示。

(a)分类　(b)分类＋定位　(c)检测　(d)分割

图 6.1　计算机视觉的三大任务

从图 6.1 中我们可以简单地描述计算机视觉三大任务的要义。图像分类就是要回答这张图像是一只猫的问题，与传统的机器学习任务并无区别，只是输入由数值数据变成图像数据。本节将介绍 CNN 在图像分类的发展历史上出现的一些经典网络。

而目标检测则不仅需要回答图像中有什么，而且还需要给出这些物体在图像中的具体位置，以图 6.1 为例就是不仅要识别图中的猫和狗，还要给出猫和狗的具体定位。所以，目标检测的任务简单而言就是"分类＋定位"。在无人驾驶的应用中，我们的目标是训练出一个具有极高准确率的物体检测器；在工业产品的瑕疵检测中，我们的目标是能够快速准确地找出产品中的瑕疵区域；在医学肺部结节的检测中，我们的目标是能够根据病人肺部影像很好地检测出结节的位置。图6.2所示是一个自动驾驶场景下对于各个目标物体的检测和识别。

图 6.2　自动驾驶场景下对于各个目标物体的检测和识别

图像分割则是需要实现像素级的图像分割，以图 6.2 为例就是要把每个物体以像素级的标准分割开来，这对算法的要求更高。这其中包括语义分割和实例分割，具体将在第 8 讲进行介绍。图 6.3 所示是一个定位和实例分割示例。

(a)定位

(b)实例分割

图 6.3　定位和实例分割示例

6.2　CNN 图像分类发展史

在神经网络和深度学习领域，Yann LeCun 可以说是元老级人物。他于 1998 年在 IEEE 上发表了一篇长文①，文中首次提出卷积-池化-全连接的神经网络结构，由 LeCun 提出的七层网络被命名为 LeNet5，因而 LeCun 也赢得了"卷积神经网络之父"的美誉。

LeNet5 的网络结构如图 6.4 所示。LeNet5 共有七层，输入层不计入层数，每层都有一定的训练参数，其中 3 个卷积层的训练参数较多；每层都有多个滤波器(也称为特征图)，每个滤波器都对上一层的输出提取不同的像素特征。所以，LeNet5 的简略结构是这样的：输入-卷积-池化-卷积-池化-卷积(全连接)-全连接-全连接(输出)。

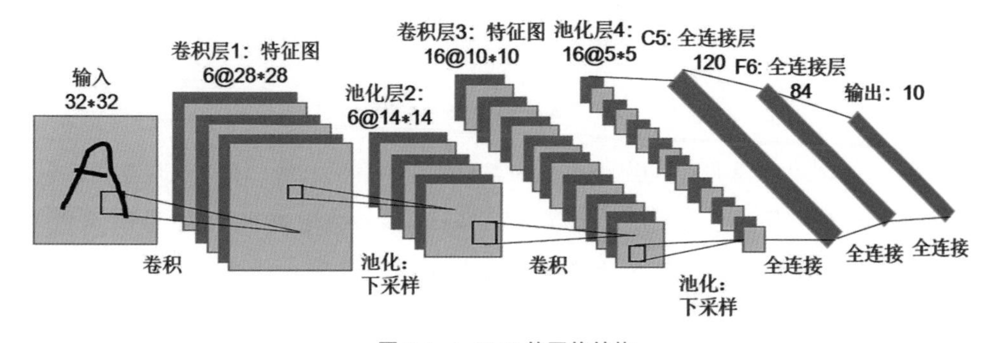

图 6.4　LeNet5 的网络结构

---

① LeCun Y, Bottou L, Bengio Y, et al. Gradient-Based Learning Applied to Document Recognition[J]. Proceedings of the IEEE, 1998, 86(11): 2278-2324.

作为标准的卷积网络结构，LeNet5 对后世的影响深远，以至于在 16 年后，谷歌提出 Inception 网络时也将其命名为 GoogLeNet，以致敬 Yann LeCun 对卷积神经网络发展的贡献。然而 LeNet5 提出后的十几年里，由于神经网络的可解释性较差和计算资源的限制等原因，神经网络一直处于发展的低谷阶段。

事情的转折发生在 2012 年，也就是现代意义上的深度学习元年。2012 年，深度学习三巨头之一 Geoffrey Hinton 的学生 Alex Krizhevsky 率先提出了 AlexNet，并在当年度的 ILSVRC（ImageNet大规模视觉识别挑战赛）中以显著的优势获得冠军，Top5 的错误率降至 16.4%，相比于第二名 26.2%的错误率有了极大地提升。这一成绩引起了学界和业界的极大关注，计算机视觉也开始逐渐进入由深度学习主导的时代。

AlexNet 继承了 LeCun 的 LeNet5 思想，将卷积神经网络发展到很宽、很深的网络当中，相较于 LeNet5 的 6 万个参数，AlexNet 包含了 6 亿 3 千万条连接、6000 万个参数和 65 万个神经元，其网络结构包括五层卷积，其中第一、第二和第五层卷积后面连接了最大池化层，然后是 3 个全连接层。AlexNet 的网络架构如图 6.5 所示。

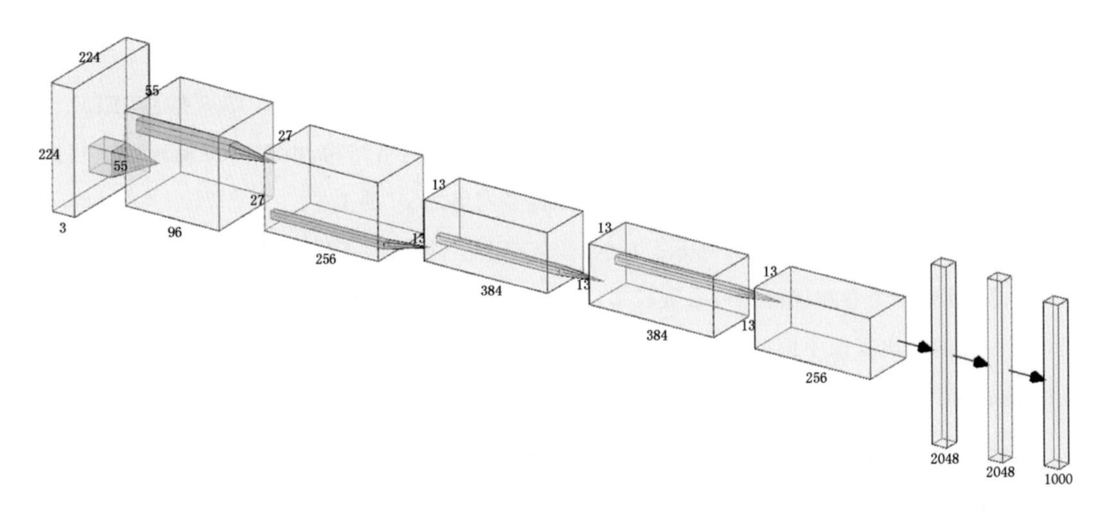

图 6.5 AlexNet 的网络架构

AlexNet 不算池化层总共有八层，前五层为卷积层，其中第一、第二和第五层卷积都包含了一个最大池化层，后三层为全连接层。所以，AlexNet 的简略结构如下：输入-卷积-池化-卷积-池化-卷积-卷积-卷积-池化-全连接-全连接-全连接-输出。

AlexNet 就像是打开了深度学习的潘多拉魔盒，此后不断有新的网络被提出，这些都极大地繁荣了深度学习的理论和实践，致使深度学习逐渐发展起来。在 2013 年的 ILSVRC 竞赛中，Zeiler 和 Fergus 在 AlexNet 的基础上对其进行了微调，提出了 ZFNet，使得 Top5 的错误率降至 11.2%，夺得当年竞赛的第一名，ZFNet 与 AlexNet 的结构很相似，这里不再单独细述。

到 2014 年，不断地实践积累和日益强大的计算能力使得研究人员敢于将神经网络的结构推向更深层。在 2014 年提出的 VGG 中，首次将卷积网络结构拓展至 16 层和 19 层，也就是著名的 VGG16 和 VGG19。相较于此前的 LeNet5 和 AlexNet 的 5 * 5 卷积和 11 * 11 卷积，VGG 结构中大量使用了 3 * 3 的卷积滤波器和 2 * 2 的池化滤波器。VGG 的网络虽然开始加深，但是其结构并不复杂，VGG 作者的实践证明了卷积网络深度的重要性。深度卷积网络能够提取图像低层次、中层次和高层次的特征，因而网络结构需要一定的深度来提取图像不同层次的特征。VGG16 的网络结构如图 6.6 所示。

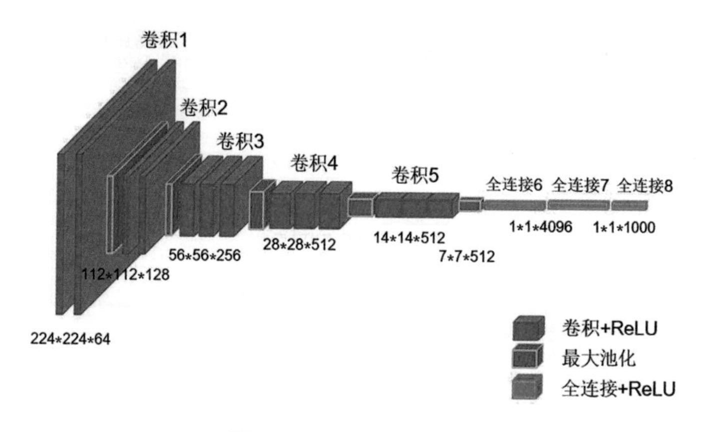

图 6.6 VGG16 的网络结构

VGG 的网络结构非常规整，2-2-3-3-3 的卷积结构也非常利于编程实现。卷积层的滤波器数量的变化也存在明显的规律，由 64 到 128 再到 256 和 512，每一次卷积都是像素呈规律地减少和通道数呈规律地增加。VGG16 在当年度的 ILSVRC 竞赛中以 7.32% 的 Top5 错误率取得了当年竞赛的第二名。这么厉害的网络为什么是第二名？因为当年有比 VGG 更厉害的网络，也就是前文提到的致敬 LeNet5 的 GoogLeNet。

GoogLeNet 在借鉴此前 1 * 1 卷积思想的基础上，通过滤波器组合构建 Inception 模块，使得网络可以走向更深且表达能力更强。从 2014 年获得当届 ILSVRC 冠军的 Inception v1 到现在，Inception 网络已经更新到 v4 了，Inception 真正实现了 Go Deeper 的目的。

通常在构建卷积结构时，需要考虑是使用 1 * 1 卷积、3 * 3 卷积还是 5 * 5 卷积，以及是否需要添加池化操作。而 GoogLeNet 的 Inception 模块就是帮人们决定采用什么样的卷积结构。简单而言，Inception 模块就是分别采用了 1 * 1 卷积、3 * 3 卷积和 5 * 5 卷积构建了一个卷积组合，然后卷积得到的输出也是一个卷积组合后的输出。

对于 28 * 28 * 192 的像素输入，分别采用 1 * 1 卷积、3 * 3 卷积和 5 * 5 卷积及最大池化 4 个滤波器对输入进行操作，将对应的输出进行堆积，即 32＋32＋128＋64＝256，最后的输出大小为 28 * 28 * 256。所以，总体而言，Inception 网络的基本思想就是不需要人为决定使用哪个卷积结构或池化，而是由网络自己决定这些参数，决定有哪些滤波器组合，这是 Inception 的通道组合功能。Inception 的另一个关键在于大量使用 1 * 1 卷积来生成瓶颈层(Bottleneck Layer)以达到降维的目的,在不降低网络性能的情况下大大缩减了计算量,可谓是 Inception 网络的点睛之笔。一个基于 1 * 1 卷积的 Inception 模块,如图 6.7 所示。

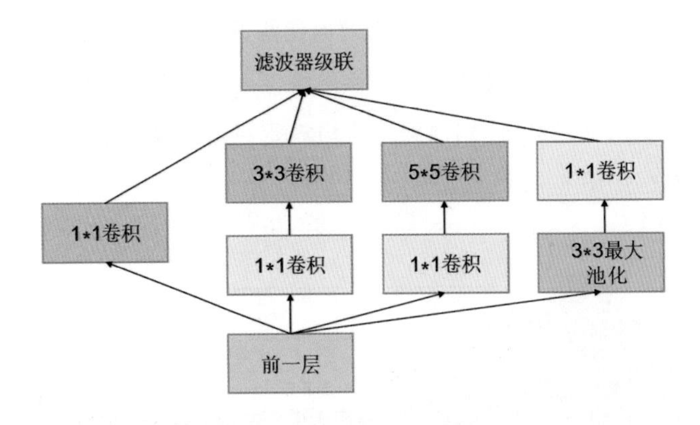

图 6.7 Inception 模块

构建好 Inception 模块后,将多个类似结构 Inception 模块组合起来便是一个 Inception 网络,这是最初的 Inception v1 版本。Inception v2 对网络加入了 BN(Batch Normalization)层,进一步提高了网络的性能。Inception v3 在 v2 的基础上提出了卷积分解的方法,如将 3 * 3 卷积分解为 1 * 3 和 3 * 1,这样做的好处是,既可以提高计算速度又可以将一个卷积拆分为两个,从而加深网络深度。Inception v4 的最大特点是在 v3 的基础上加入了残差连接,形成了Inception-ResNet v1 和 Inception-ResNet v2 两个优秀的网络结构。Inception v1 在当年度激烈的 ILSVRC 竞赛中以 6.67%的 Top5 错误率荣膺第一名,让同样出色的 VGG 只能屈居第二,此后每一版本的 Inception 网络在 ImageNet 任务上均能达到 SOTA(State of the Art)的水准。

通过 VGG 和 GoogLeNet ,我们了解到卷积神经网络也可以进行到很深层,VGG16 和 VGG19 就是证明。但卷积网络可以变得更深吗? 当然是可以的。深度神经网络能够提取图像各个层级的特征,使得图像识别的准确率越来越高。但在 2014 年之前,将卷积网络变深且取得不错的训练效果并不是一件容易的事。

深度卷积网络一开始面临的最主要问题是梯度消失和梯度爆炸。那什么是梯度消失和梯度爆炸呢? 所谓梯度消失,就是在深层神经网络的训练过程中,计算得到的梯度越来越小,使得权值得不到更新的情形,这样算法也就失效了。而梯度爆炸则是相反的情况,是指在神经网络训练过程中梯度变得越来越大,权值得到疯狂更新的情形,这样算法得不到收敛,模型也就失效了。当然,通过设置线性整流函数(ReLU)和归一化激活函数层等手段可以很好地解决这些问题。但当将网络层数加到更深时却发现训练的准确率在逐渐降低。这种并不是由过拟合造成的神经网络训练数据识别准确率降低的现象称为退化(Degradation)。

图 6.8 所示是两个网络的训练误差和测试误差情况。从图 6.8 中可以看出,56 层的普通卷

积网络无论是在训练集还是测试集上的训练误差都要高于 20 层的卷积网络，这是一个典型的退化现象。退化问题不解决，深度学习就无法 Go Deeper，于是何恺明等人提出了残差网络(ResNet)。

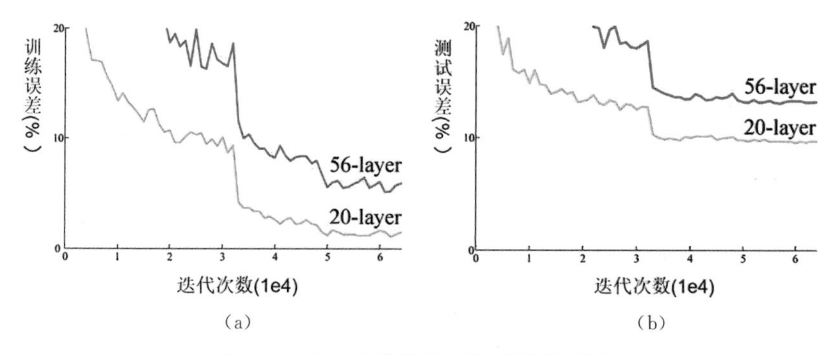

图 6.8 两个网络的训练误差和测试误差情况

要理解残差网络，就必须理解残差块(Residual Block)这个结构，因为残差块是残差网络的基本组成部分。回忆一下之前学到的各种卷积网络结构(LeNet5、AlexNet、VGG)，通常结构就是卷积池化再卷积池化，中间的卷积池化操作可以有很多层。类似这样的网络结构何恺明在论文中将其称为普通网络(Plain Network)，何恺明认为普通网络解决不了退化问题，因此需要在网络结构上做出创新。

何恺明给出的创新在于给网络之间添加一个捷径(Shortcuts)或跳跃连接(Skip Connection)，可以让捷径之间的网络能够学习一个恒等函数，使得在加深网络的情形下训练效果至少不会变差。残差块的基本结构如图 6.9 所示。

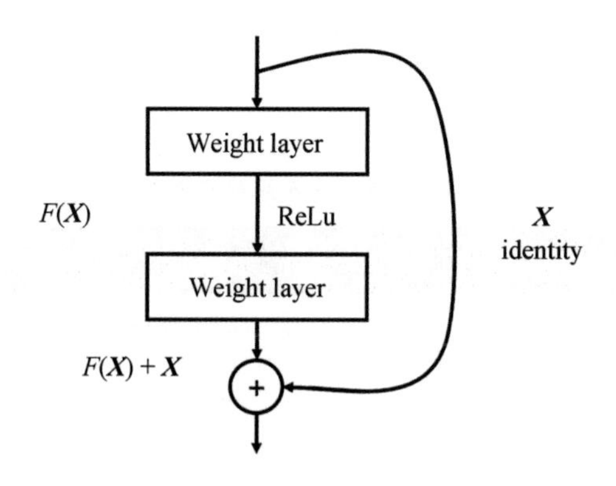

图 6.9 残差块的基本结构

残差块是一个两层的网络结构，输入 $\boldsymbol{X}$ 经过两层的加权和激活得到 $F(\boldsymbol{X})$ 的输出，这是典型的普通卷积网络结构。但残差块的区别在于添加了一个从输入 $\boldsymbol{X}$ 到两层网络输出单元的捷径，这使得输入节点的信息单元直接获得了与输出节点的信息单元通信的能力，这时在进行 ReLU 激活之前的输出就不再是 $F(\boldsymbol{X})$ 了，而是 $F(\boldsymbol{X})+\boldsymbol{X}$。当很多个具备类似结构的残差块组建到一起时，就构成了残差网络。残差网络能够顺利训练很深层的卷积网络，能够很好地解决网络的退化问题。

或许你可能会问，凭什么加了一条从输入到输出的捷径网络就能防止退化训练更深层的卷积网络？或者说残差网络为什么能有效？下面将上述残差块的两层输入、输出符号改为和 ，相应的就有：

$$a^{[l+2]}=g(z^{[l+2]}+a^{[l]}) \tag{6.1}$$

加入了跳跃连接后就有：

$$a^{[l+2]}=g(w^{[l+2]}a^{[l+1]}+b^{[l+2]}+a^{[l]}) \tag{6.2}$$

在网络中加入 L2 正则化进行权值衰减或其他情形下，$l+2$ 层的权值 w 是很容易衰减为零的，假设偏置同样为零的情形下就有等式成立。深度学习的试验表明学习这个恒等式[式(6.2)]并不困难，这就意味着，在拥有跳跃连接的普通网络即使多加几层，其效果也并不逊色于加深之前的网络效果。当然，我们的目标不是保持网络不退化，而是需要提升网络表现，当隐藏层能够学到一些有用的信息时，残差网络的效果就会提升。所以，残差网络之所以有效就在于它能够很好地学习上述那个恒等式，而普通网络学习恒等式很困难，残差网络在两者相较中自然胜出。

当多个残差块组合到一起便形成了残差网络 ResNet。ResNet 在 2015 年 ILSVRC 竞赛上 Top5 单模型的错误率降至 3.57%，在其他数据集上也有着惊人的表现，结果自然就是收割各类奖项了。

以上几个网络除早期的 LeNet5 之外都是在 ILSVRC 竞赛的助力下不断向前发展的，从这一点来看，ILSVRC 竞赛和 ImageNet 数据集对深度学习的发展具有重大意义。ILSVRC 竞赛于 2017 年停办，但在开办的 6 年时间里极大地促进了深度学习和计算机视觉的发展。ILSVRC 历年冠军解决方案如表 6.1 所示。

表 6.1　ILSVRC 历年冠军解决方案

年份	网络名称	Top5 成绩	论文
2012	AlexNet	16.4%	ImageNet Classification with Deep Convolutional Neural Networks
2013	ZFNet	11.2%	Visualizing and Understanding Convolutional Networks
2014	GoogLeNet	6.67%	Going Deeper with Convolutions
2014	VGG	7.32%	Very Deep Convolutional Networks for Large-Scale Image Recognition
2015	ResNet	3.57%	Deep Residual Learning for Image Recognition
2016	ResNeXt	3.03%	Aggregated Residual Transformations for Deep Neural Networks
2017	SENet	2.25%	Squeeze-and-Excitation Networks

由表 6.1 可以看出，2017 年的冠军方案 SENet 的错误率已经降至 2.25%，这个精度已经超过人类视觉水平，ILSVRC 竞赛也在这一年停办，但针对深度学习和计算机视觉的研究仍然继续向前发展。2017 年，刘壮等人在 ResNet 的基础上提出了 DenseNet 网络，作为 2017 年 CVPR 的最佳论文，作者通过大量使用跨层的密集连接，强化了卷积过程中特征的重要性，另外也缩减了模型参数，进一步提高了深度卷积网络的性能。DenseNet 的密集连接结构如图 6.10 所示。

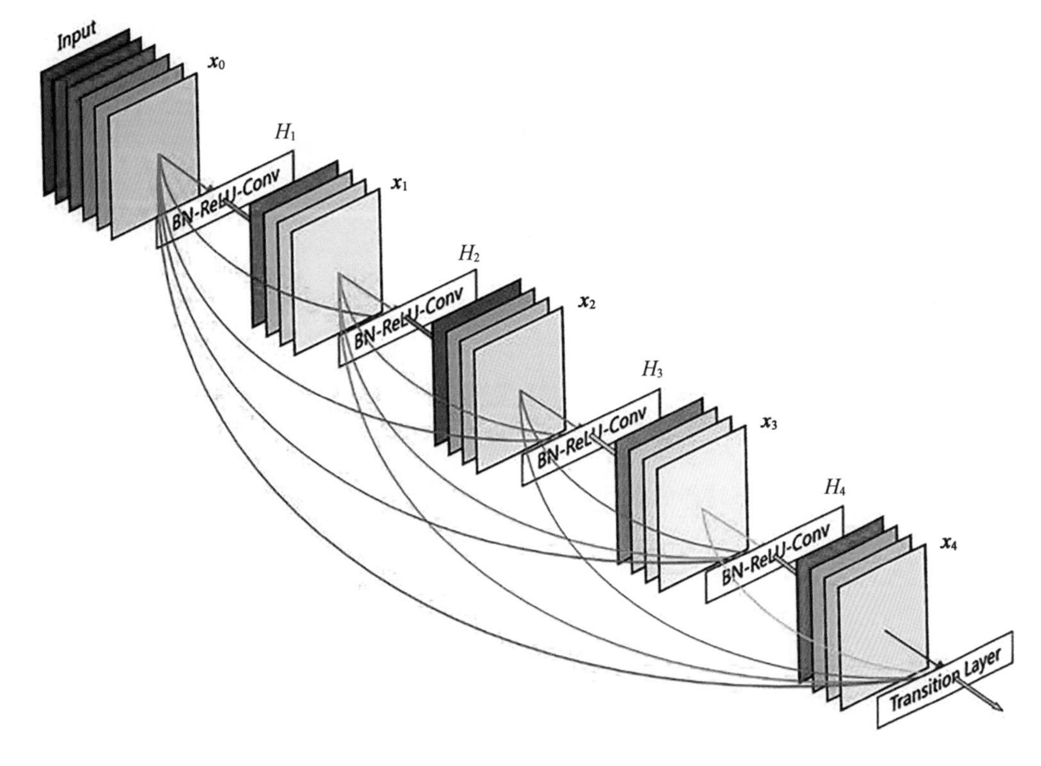

图 6.10　DenseNet 的密集连接结构

除以上各种优秀的深度卷积网络之外，近几年各种网络都在存储和速度问题上不断做出改进和创新。近两年提出的 SqueezeNet、MobileNet、ShuffleNet、NASNet 和 Xception 等深度网络正是致力于让 CNN 走出实验室达到工业应用的目的而提出的网络结构。作为本节的结尾，笔者想重点提一下 2019 年 5 月谷歌大脑发布的号称目前最好的 CNN 分类网络的 EfficientNet。

EfficientNet 在吸取此前各种网络优化经验的基础上提出了更加泛化的解决方法。什么叫更加泛化的方法呢？EfficientNet 作者认为，之前关于网络性能优化要么是从网络深度、要么是从网络宽度（通道数）、要么是从输入图像的分辨率单独来进行模型缩放调优的。但实际上网络性能在这 3 个维度上并不是相互独立的。EfficientNet 的核心在于提出了一种混合模型缩放（Compound Model Scaling）方法来综合优化网络深度、宽度和分辨率，通过这种思想设计出来的网络能够在达到当前最优精度的同时，大大减少参数数量和提高计算速度。混合模型缩放的设计思想如图 6.11 所示。

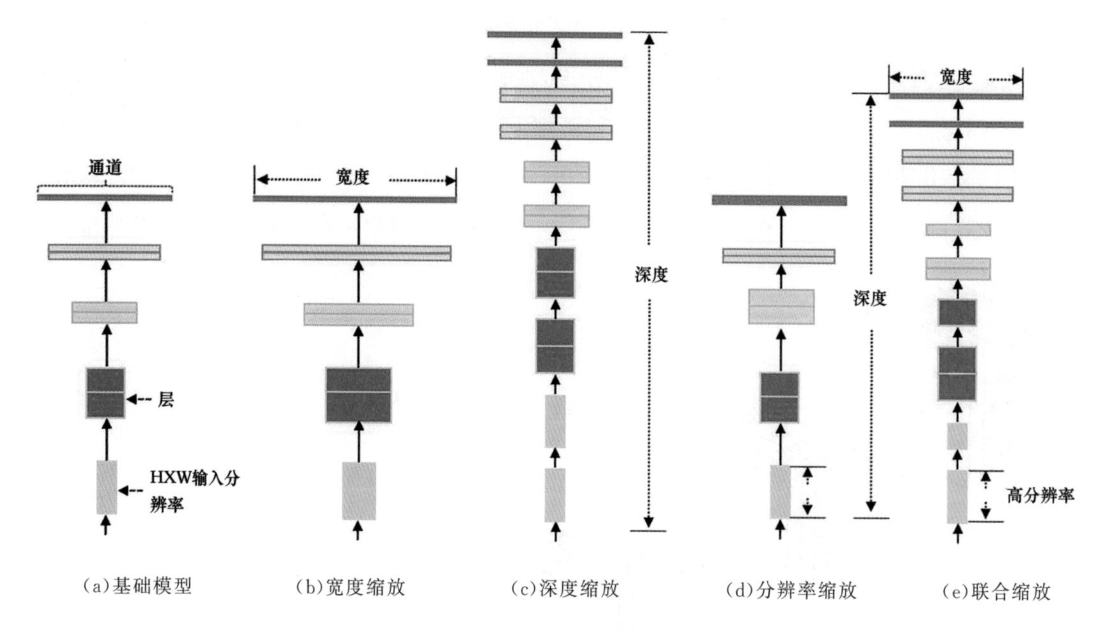

(a)基础模型　(b)宽度缩放　(c)深度缩放　(d)分辨率缩放　(e)联合缩放

图 6.11　混合模型缩放的设计思想

作为谷歌这样的超级巨头，自然有大量的数据资源和计算资源来做出这样更加泛化的研究。对于普通人而言，很难有这样的算力来进行成百上千次的大规模调参。但 EfficientNet 也提高了普通人做深度学习的基准线(BaseLine)，站在巨人的肩膀上，一直都是件值得兴奋的事情。

本讲习题

尝试使用 Keras 实现 LeNet5、AlexNet、VGG16 和 ResNet。

第 7 讲

CNN 目标检测：从 RCNN 到 YOLO

目标检测（Object Detection）是计算机视觉的第二大任务。简单而言，目标检测就是在图像分类的基础上给出目标物体在图像中的具体位置。在深度学习兴起之后，CNN 也逐渐取代传统目标检测算法成为该领域的核心方法。从两步走算法的 RCNN 系列到一步走算法的 YOLO 系列，基于 CNN 的目标检测算法一直在冲击着 SOTA（State of the Art）。

7.1 目标检测概述

目标检测的任务描述起来十分简单，就是要让计算机不仅能够识别出输入图像中的目标物体，还能够给出目标物体在图像中的位置。这看似很简单，但在计算机视觉的发展过程中，为了更好地解决这个问题可谓是历经艰辛。在深度学习正式成为计算机视觉领域的主题之前，传统的手工特征图像算法一直是目标检测的主要方法。在早期计算资源不充足的背景下，研究人员的图像特征表达方法有限，只能尽可能地设计更加多元化的检测算法进行弥补，包括早期的尺度不变特征变换(SIFT)检测算法、方向梯度直方图(HOG)检测算法、超级位置模型(SPM)和可变型部件模型(DPM)等。目标检测的发展历程如图 7.1 所示。

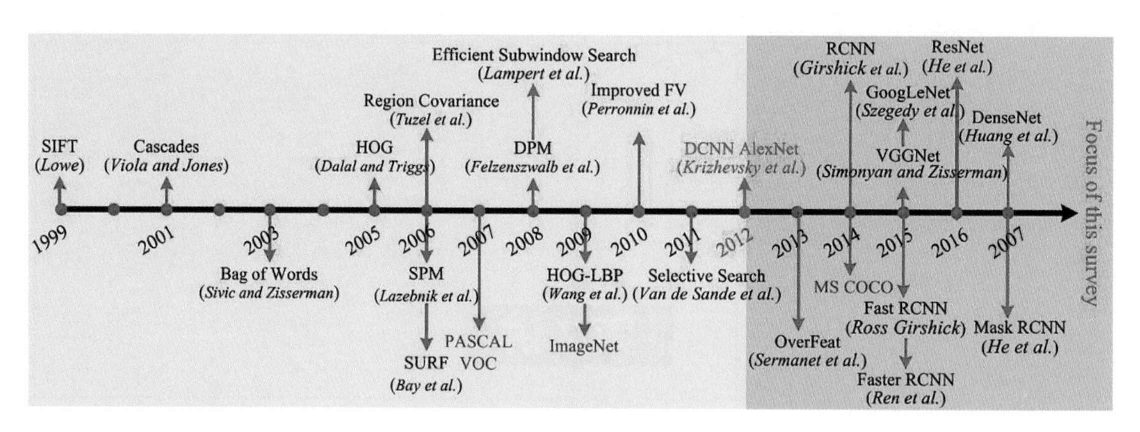

图 7.1 目标检测的发展历程

深度学习之前的传统目标检测算法的发展历程如图 7.1 左边浅蓝色部分所示。为了更好地集中于深度学习的主题，关于深度学习之前的传统目标检测算法在此就不展开详述了，感兴趣的读者可以根据图 7.1 左边浅蓝色部分的时间线关键词一一去检索研究。2012 年 AlexNet 提出之后，神经网络和深度学习逐渐取代了传统目标检测算法而成为目标检测的主流方法。图 7.2 所示是以深度学习为主题的目标检测发展历程。纵览这几年深度学习目标检测的发展历程，基于深度学习算法的一系列目标检测算法大致可以分为以下两大流派。

(1) 两步走(Two-Stage)算法：先产生候选区域，然后再进行 CNN 分类(RCNN 系列)。

(2) 一步走(One-Stage)算法：直接对输入图像应用算法，并输出类别和相应的定位(YOLO 系列)。

下面分别对这两类目标检测算法进行介绍。

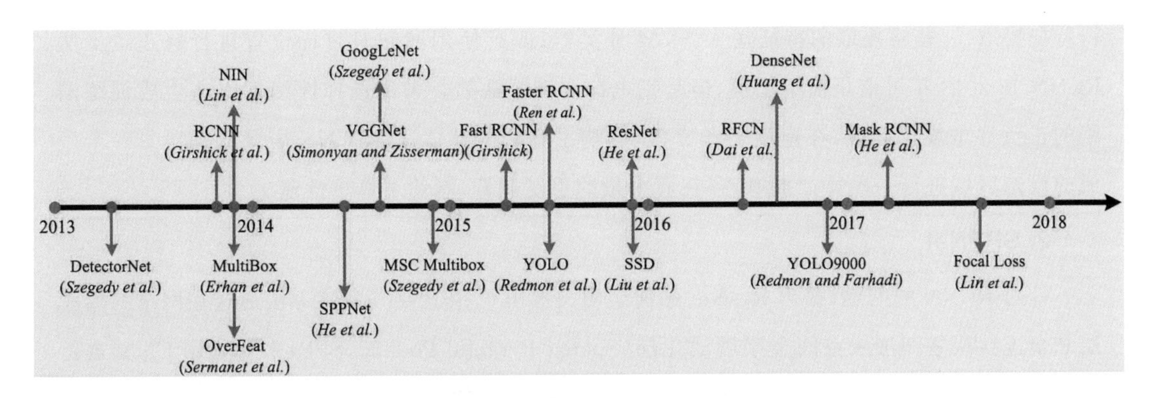

图 7.2　以深度学习为主题的目标检测发展历程

7.2　CNN 目标检测算法

7.2.1　两步走（Two-Stage）算法

1. RCNN

RCNN 作为将深度学习引入目标检测算法的开山之作，在目标检测算法的发展历史上具有重大意义。RCNN 算法是两步走算法的代表，即先生成候选区域（Region Proposal），然后再利用 CNN 进行识别分类。由于候选区域对于算法的成败起着关键作用，所以该算法就以 Region 开头首字母 R 加 CNN 进行命名。RCNN 的流程如图 7.3 所示。

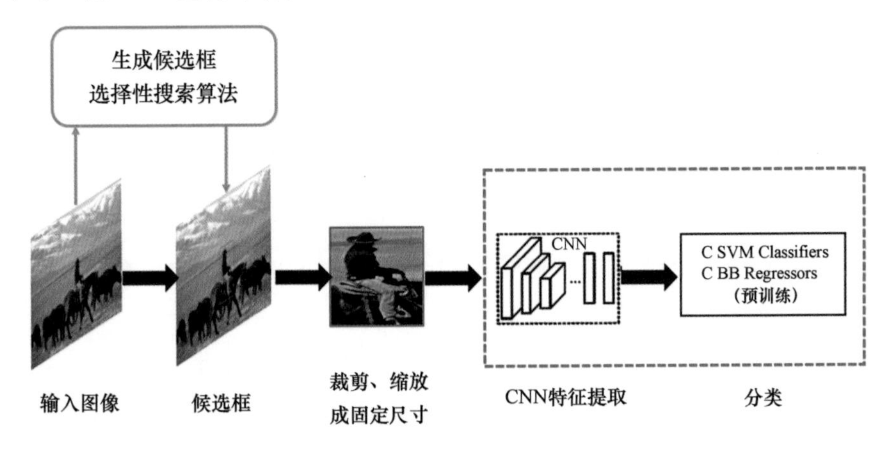

图 7.3　RCNN 的流程

相较于传统的利用滑动卷积窗口来判断目标的可能区域，RCNN 采用选择性搜索（Selective Search）的方法来预先提取一些较可能是目标物体的候选区域，速度大大提升，计算成本也显著缩小。总体而言，RCNN 算法分为 4 个步骤：一是生成候选区域；二是对候选区域利用 CNN 进行特征提取；三是将提取的特征送入 SVM 分类器；四是使用回归对目标位置进行修正。虽然 RCNN 在 2013 年可谓是横空出世，但是它也存在许多缺陷。采用选择性搜索方法生成训练网络的正负样本候选区域，在速度上非常慢，影响了算法的整体速度；CNN 需要分别对每一个生成的候选区域进行一次特征提取，存在着大量的重复运算，制约了算法性能。

2. SPPNet

针对 RCNN 的问题，提出 ResNet 的何恺明又提出了 SPPNet[1]。该方法通过在网络的卷积层和全连接层之间加入空间金字塔池化层（Spatial Pyramid Pooling，SPP）来对利用 CNN 进行卷积特征提取之前的候选区域进行裁剪和缩放，使 CNN 的输入图像尺寸一致。图 7.4 所示是 SPPNet 与 RCNN 的流程对比，SPPNet 用空间金字塔池化代替了裁剪/缩放。

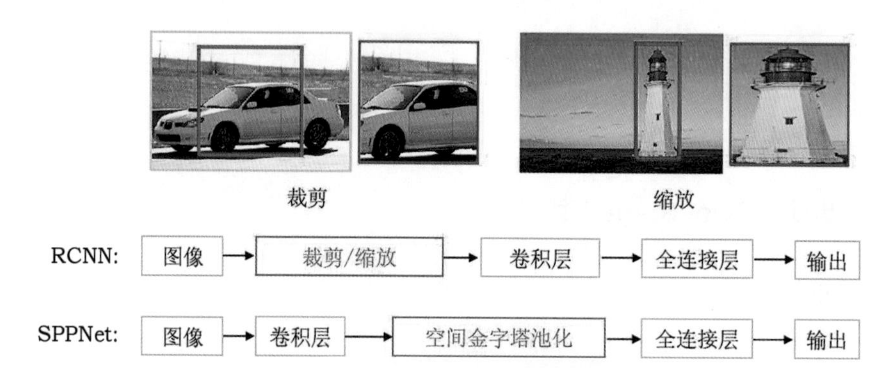

图 7.4 SPPNet 与 RCNN 的流程对比

空间金字塔池化解决了输入候选区域尺寸不一致的问题，但更重要的意义在于减少了 RCNN中的重复计算，大大提高了算法的速度和性能。图 7.5 所示是空间金字塔池化的示意图，对卷积之后的特征图使用池化组合的方法来形成固定大小的输出表示。

SPPNet 的缺点在于经过空间金字塔层的处理后，虽然 CNN 的输入尺寸一致了，但是候选框的感受野变得很大，使得卷积神经网络在训练时无法有效更新模型权重。

3. Fast RCNN

针对 SPPNet 的问题，2015 年微软亚洲研究院在借鉴了 SPPNet 的空间金字塔层的基础之上，对 RCNN 算法进行了有效地改进。

Fast RCNN 的结构如图 7.6 所示。Fast RCNN 的改进之处在于设计了一种兴趣区域（Region of Interest，RoI）池化的池化层结构，有效地解决了 RCNN 算法必须将图像区域剪裁、缩放到相同尺寸大小的操作；另外，提出了多任务损失函数，每一个 RoI 都有两个输出向量：softmax 概率输出向量和每一类的边界框回归位置向量。

---

① He K, Zhang X, Ren S, et al. Spatial Pyramid Pooling in Deep Convolutional Networks for Visual Recognition[J]. IEEE Transactions on Pattern Analysis and Machine Intelligence, 2015, 37(9): 1904-1916.

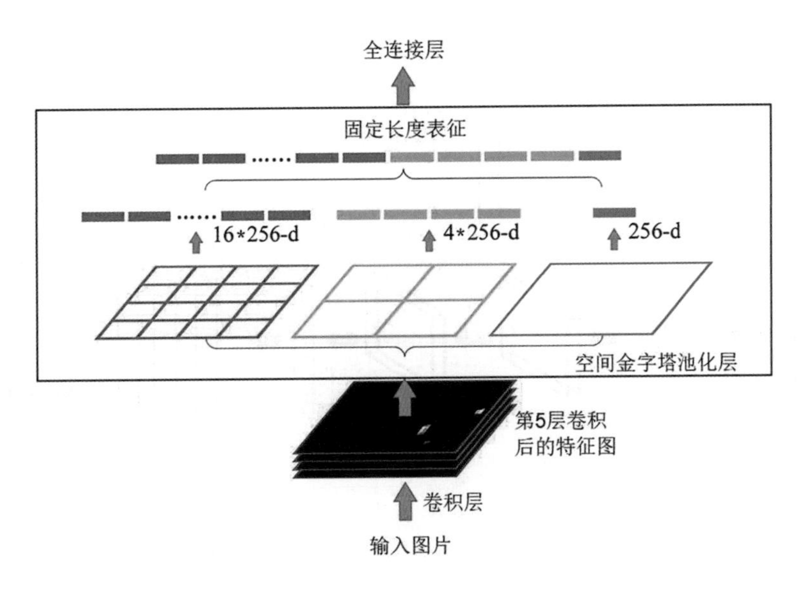

图 7.5　空间金字塔池化

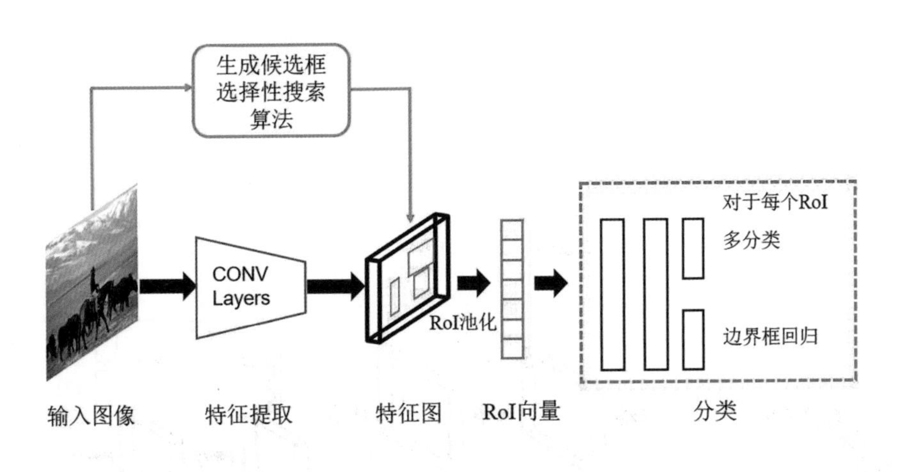

图 7.6　Fast RCNN 的结构

Fast RCNN 虽然借鉴了 SPPNet 的思想对 RCNN 进行了改进，但是对于 RCNN 的选择性探索的候选框生成方法依然没做改进，这使得 Fast RCNN 依然有较大的提升空间。

4. Faster RCNN

为了解决从 RCNN 就遗留下来的候选框生成问题，RCNN 系列的几位作者一起提出了 Faster RCNN 方法。Faster RCNN 的关键在于设计了区域候选网络（Region Proposal Network，RPN），将候选框的选择和判断交给 RPN 进行处理，将 RPN 处理之后的候选区域进行基于多任务损失的分类定位。Faster RCNN 的优点在于 CNN 提取的特征信息能够做到全网络的权值共享，解决了之前的大量候选框导致速度慢的问题。但是由于 RPN 可在固定尺寸的卷积特征图中生成多尺寸的候选框，导致出现可变目标尺寸和固定感受野不一致的情况。

Faster RCNN 的结构如图 7.7 所示。

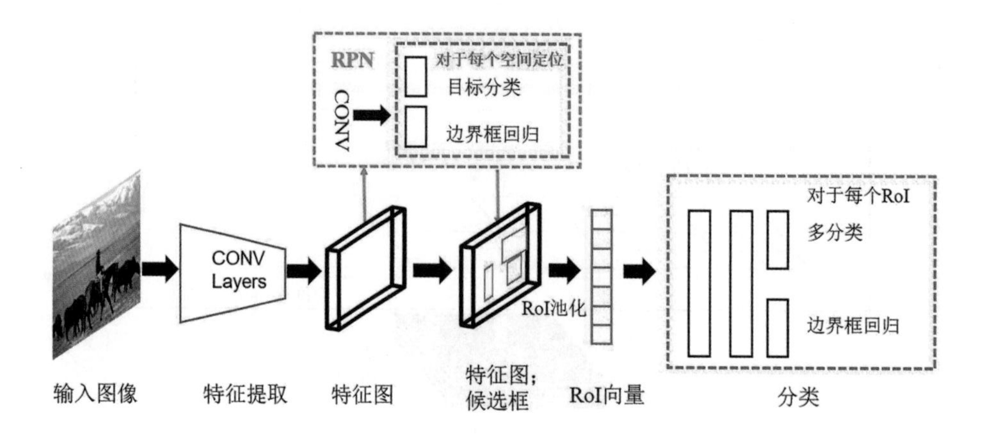

图 7.7　Faster RCNN 的结构

5. Mask RCNN

2017 年,何恺明等人在之前的基础上继续改善 RCNN 算法,提出了 Mask RCNN 算法。Mask RCNN 的结构如图 7.8 所示。

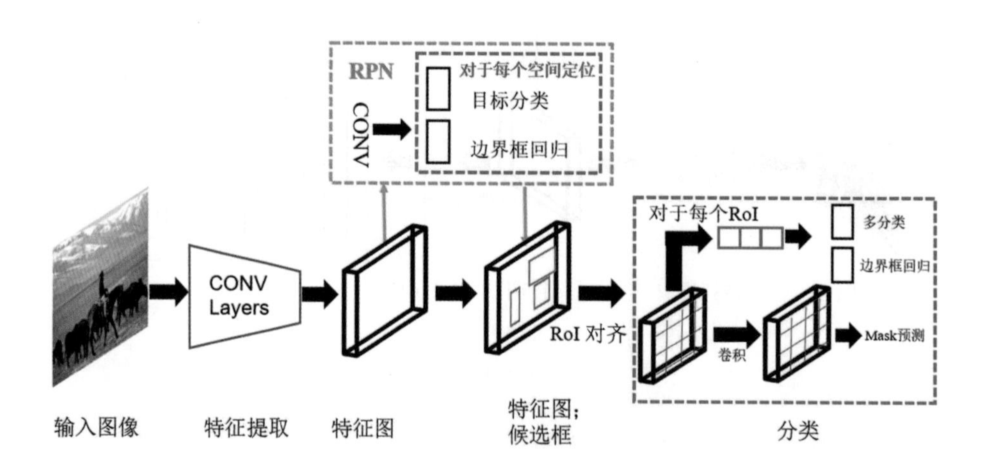

图 7.8　Mask RCNN 的结构

Mask RCNN 将 Fast RCNN 的 RoI 池化层升级成了 RoI 对齐(Align)层,并且在边界框识别的基础上添加了分支全卷积网络(FCN)层,即 Mask 层,用于语义 Mask 识别,通过 RPN 生成目标候选框,然后对每个目标候选框分类判断和边框回归,同时利用全卷积网络对每个目标候选框预测分割。Mask RCNN 本质上是一个实例分割算法(Instance Segmentation),相较于语义分割(Semantic Segmentation),实例分割对同类物体有着更为精细的分割。Mask RCNN 在 COCO 测试集上的图像分割效果如图 7.9 所示。

图 7.9　Mask RCNN 在 COCO 测试集上的图像分割效果

以上便是两步走目标检测算法的大致发展历程和简单概述。两步走目标检测算法历经了 RCNN—SPPNet—Fast RCNN—Faster RCNN—Mask RCNN 的过程。当然，其间有大量学者对两步走的目标检测网络进行了更多、更丰富的改进，这里只是选取主要的、有代表性的论文和网络进行简单介绍。两步走暂告一段落，下面继续来看一步走的目标检测算法。

7.2.2　一步走（One-Stage）算法

纵然两步走的目标检测算法在不断进化，检测准确率也越来越高，但两步走在速度方面一直没有太大突破。在一些实时的目标检测需求的场景中，RCNN 系列算法终归是有所欠缺。因而一步走(One-Stage)算法便应运而生了，其中以 YOLO 系列算法为代表，演绎了一种端到端的深度学习系统的实时目标检测效果。YOLO 系列算法的主要思想就是直接从输入图像得到目标物体的类别和具体位置，不再像 RCNN 系列那样产生候选区域。这样做的直接效果便是速度快。

1. YOLO v1

YOLO v1 算法的核心思想就是将整张图像作为网络的输入，直接在网络的输出层输出目标物体的类别和边界框的具体位置坐标。YOLO v1 将输入图像划分为 $S*S$ 的网格(Grid)，每个网格预测两个边界框，如果目标物体落入相应的网格中，那么该网格就负责检测出该目标物体。

总体而言，YOLO v1 算法分为 3 个步骤：一是缩放图像；二是运行卷积网络；三是非极大值抑制，如图 7.10所示。

虽然 YOLO v1 的速度快，但是它的缺点也很明显。由于一个网格只能预测两个边界框，这使得 YOLO v1 对密集的小物体的检测效果并不好，时常在定位上出现较大的偏差；YOLO v1 也存在着泛化性能较弱等问题。图 7.11 所示是 YOLO v1 的检测过程示例。

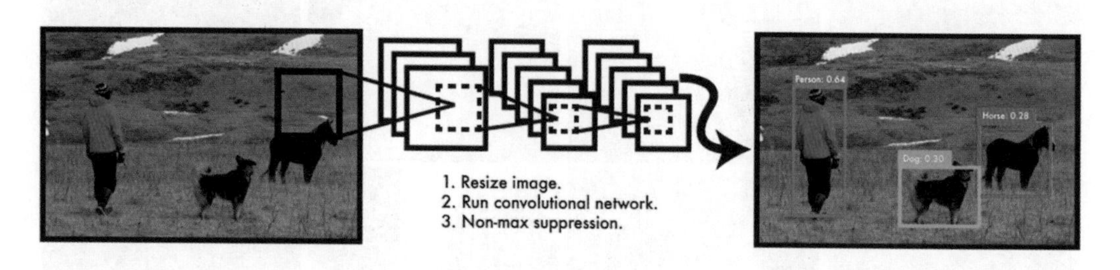

图 7.10 YOLO v1 算法的主要步骤

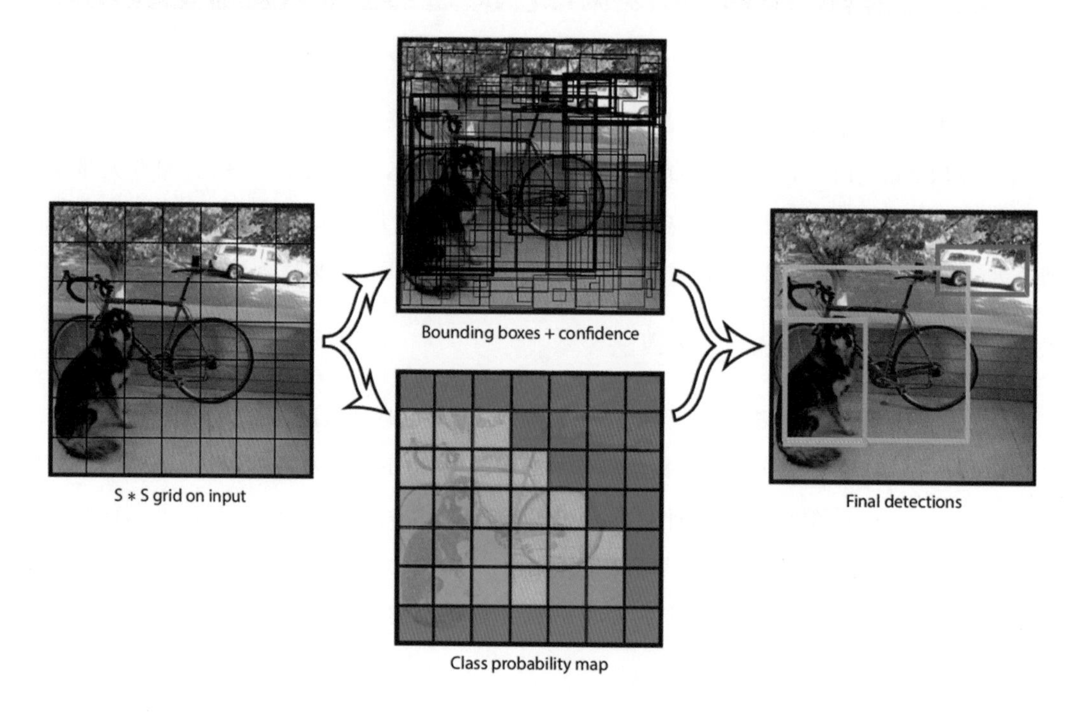

图 7.11 YOLO v1 的检测过程示例

2. SSD

针对 YOLO v1 的定位不够准确的问题,2016 年底提出的单次多边框探测器(Single Shot MultiBox Detector,SSD)算法的解决方案在于将 YOLO 的边界框回归方法和 Faster RCNN 的锚定框(Anchor Boxes)机制结合起来,通过在不同卷积层的特征图上预测目标物体区域,输出具备不同纵横比、多尺度、多比例的边界框坐标。这些改进使得 SSD 能够在输入分辨率较低的图像时也能保证检测的精度。这也使得 SSD 的检测准确率超过了此前的 YOLO v1。SSD 的结构如图 7.12 所示。

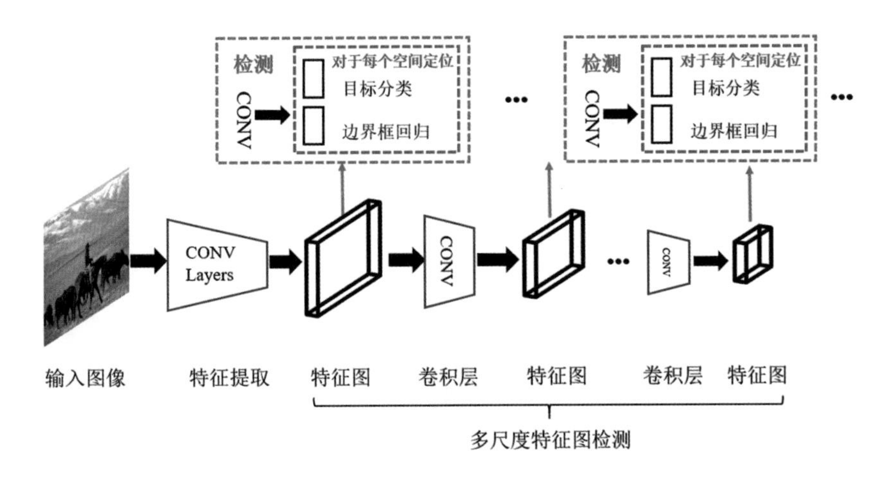

图 7.12 SSD 的结构

3. YOLO v2/YOLO9000

YOLO v2 重点对 YOLO v1 的定位问题给出了解决方案：使用 Darknet-19 作为预训练网络，增加了 BN(Batch Normalization)层，提出了一种新的训练算法——联合训练算法，该算法可以把分类数据集和检测数据集混合到一起。使用一种分层的观点对物体进行分类，用大量的分类数据集数据来扩充检测数据集，从而把两种不同的数据集混合起来。另外，相较于 YOLO v1 直接用全连接层预测边界框坐标，YOLO v2 则是借鉴了 RCNN 中的锚定框，使用锚定框虽然会让精确度稍微下降，但用了它能让 YOLO v2 预测超过 1000 个框，同时召回率达到 88%，平均精度均值(mAP)达到 69.2%。

4. YOLO v3

为了在保证速度的同时实现更高的定位准确率，YOLO v3 采用了更为复杂的网络结构。相较于此前的网络，YOLO v3 的改进之处包括多尺度预测(FPN)、更复杂的网络结构 Darknet-53、取消 softmax 作为候选框分类，这些都使得 YOLO v3 的速度更快，准确率也有相应提高。与需要数千张单一目标图像的 RCNN 不同，YOLO v3 通过单一网络评估进行预测。这使得 YOLO v3 的速度非常快，同等条件下它比 RCNN 快 1000 倍、比 Fast RCNN 快 100 倍。

以上便是一步走目标检测算法的大致发展历程和简单概述。一步走目标检测算法历经了 YOLO v1—SSD—YOLO v2/YOLO9000—YOLO v3 的过程。

总而言之，随着深度学习在计算机视觉领域的不断发展，目标检测算法的两大流派之间也在不断地借鉴和相互改进，无论使用哪种检测算法，最后都要在速度和精度之间找到一个最好的平衡。

本讲习题

尝试使用 PyTorch 实现一个 RCNN 目标检测框架。

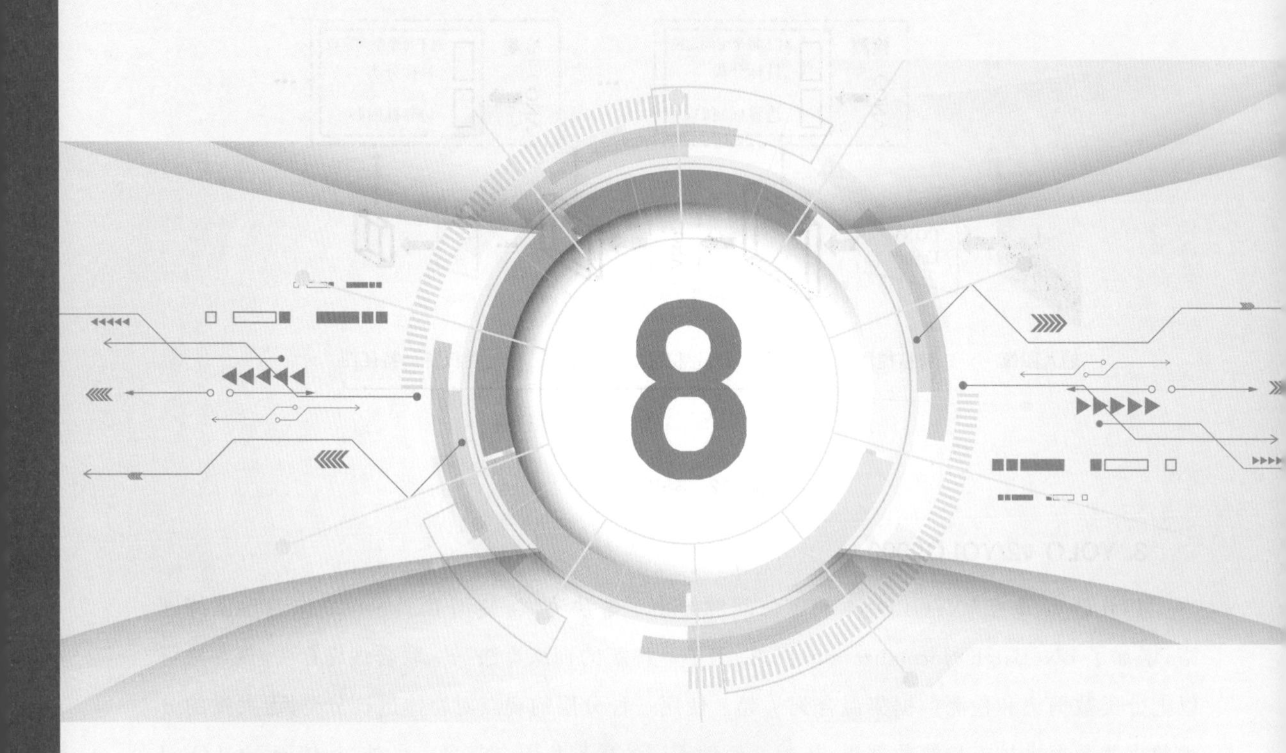

第 8 讲

CNN 图像分割：从 FCN 到 U-Net

图像分割是继图像分类和目标检测之后的计算机视觉的第三大任务。相较于分类和检测，分割的任务粒度更加细化，需要做到逐像素级别的分类。图像分割可分为语义分割和实例分割，本讲将对图像分割的基本原理机制和网络架构及经典解决方案进行简单介绍。

8.1 语义分割和实例分割概述

图像分割主要包括语义分割(Semantic Segmentation)和实例分割(Instance Segmentation)。那语义分割和实例分割具体都是什么含义？二者又有什么区别和联系呢？语义分割是对图像中的每个像素都划分出对应的类别，即实现像素级别的分类；而类的具体对象，即为实例，那么实例分割不但要进行像素级别的分类，还要在具体的类别基础上区别开不同的个体。例如，图像中有甲、乙、丙多个人，那么他们的语义分割结果都是人，而实例分割结果却是不同的对象。另外，为了同时实现实例分割与不可数类别的语义分割，相关研究又提出了全景分割(Panoptic Segmentation)的概念。语义分割、实例分割和全景分割具体如图 8.1(b)、(c)和(d)所示。

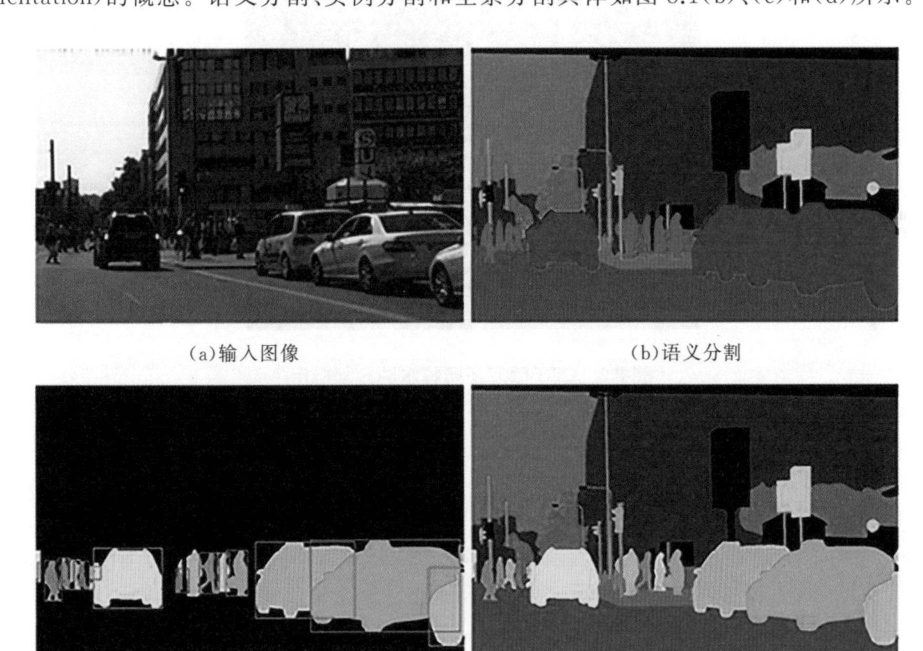

(a)输入图像　(b)语义分割

(c)实例分割　(d)全景分割

图 8.1　输入图像、语义分割、实例分割和全景分割

以语义分割和实例分割为代表的图像分割技术在各个领域中都有广泛的应用，如在无人驾驶和医学影像分割等方面。图 8.2 所示是自动驾驶场景下的语义分割应用，图 8.3 所示是光学相干断层扫描(OCT)眼底视网膜水肿分割应用。

作为目标检测的进阶图像处理任务，语义分割和实例分割对卷积网络的架构设计提出了更高的要求。

图 8.2 自动驾驶场景下的语义分割应用

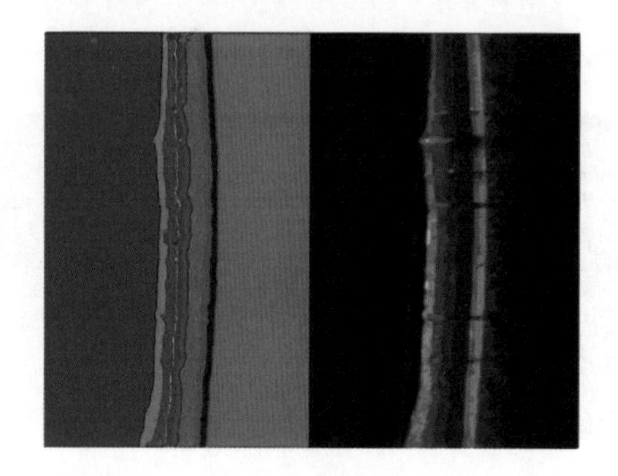

图 8.3 OCT 眼底视网膜水肿分割应用

8.2 语义分割

8.2.1 语义分割的任务描述

不同于此前的图像分类和目标检测，在开始图像分割的学习和尝试之前，我们必须明确语义分割的任务描述，即弄清楚语义分割的输入、输出都是什么。输入是一张原始的 RGB 图像或单通道图像，但是输出不再是简单的分类类别或目标定位，而是带有各个像素类别标签的与输入具有相同分辨率的分割图像。简单来说，语义分割的输入、输出都是图像，而且是同样大小的图像，如图 8.4所示。

类似于处理分类标签数据，对预测分类目标采用像素上的 one-hot 编码，即为每个分类类别创建一个输出的通道，如图 8.5 所示。

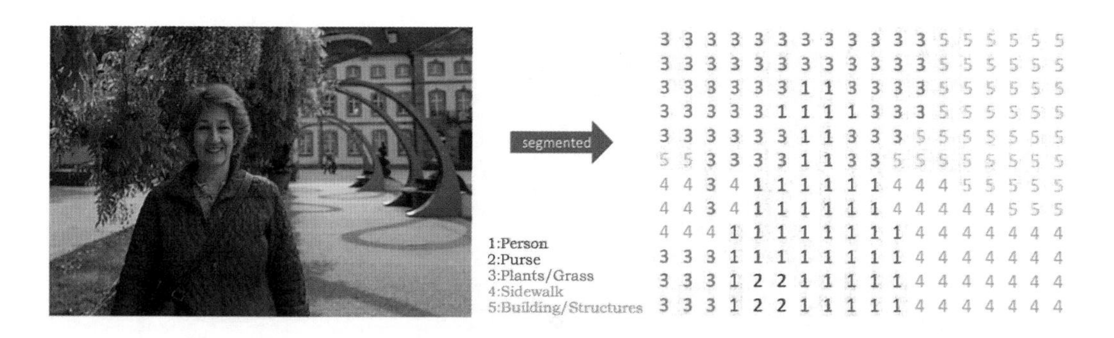

图 8.4 从输入到输出的语义标签

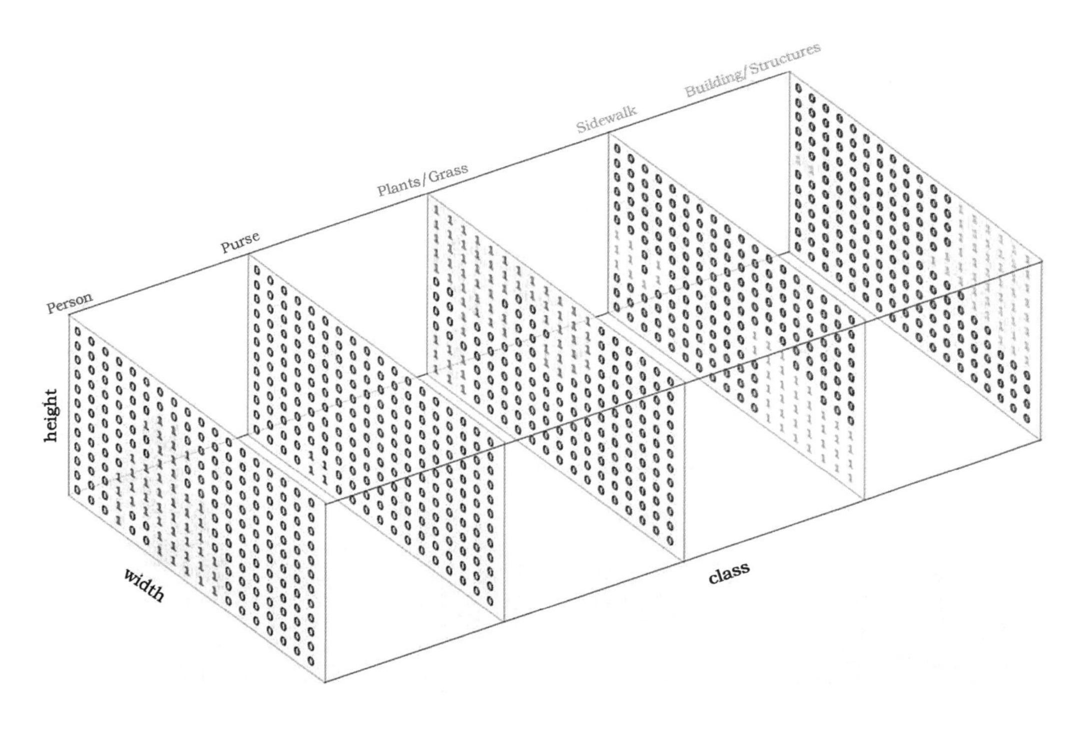

图 8.5 语义标签的 one-hot 编码

图 8.6 所示是将分割图添加到原始图像上的叠加效果。这里有个概念需要明确一下——Mask，在图像处理中将其译为掩码，如 Mask RCNN 中的 Mask。Mask 可以理解为将预测结果叠加到单个通道时得到的该分类所在区域。

所以，语义分割的任务就是输入图像经过深度学习算法处理得到带有语义标签的同样尺寸的输出图像。

图 8.6 将分割图添加到原始图像上的叠加效果

8.2.2 网络结构与编码-解码

由于语义分割需要输入、输出都是图像，所以之前经典的图像分类和目标检测网络在分割任务上就不大适用了。在此前的经典网络中，经过多层卷积和池化之后输出的特征图尺寸会逐渐变小，所以对于语义分割任务，需要将逐渐变小的特征图还原到输入图像的大小。

为了实现上述目标，现有的语义分割等图像分割模型的一种通用做法就是采用编码和解码的网络结构，此前的多层卷积和池化的过程可以视为图像编码的过程，即不断地下采样的过程。那解码的过程就很好理解了，可以将解码理解为编码的逆运算，对编码的输出特征图进行不断地上采样逐渐得到一个与原始输入大小一致的全分辨率的分割图。如图 8.7 所示。

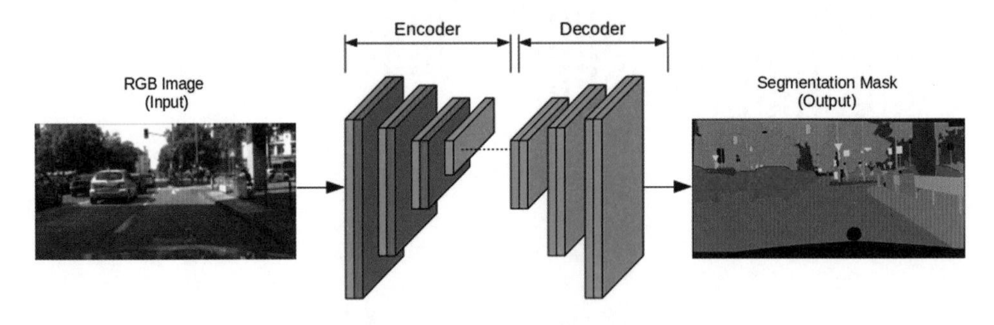

图 8.7 图像分割的编码-解码结构

对于编码的过程我们已经很了解，就是卷积和池化的过程，这里不再赘述。这里需要重点看一下解码的过程。解码的过程是如何进行上采样的呢？语义分割中常用的上采样方法除双线性插值(Bilinear Interpolation)和反池化方法(Unpooling)外，最常用的就是转置卷积(Transpose Convolution)了。本质上来说，转置卷积与常规卷积并无区别。不同之处在于先按照一定的比例进行填充来扩大输入尺寸，然后把常规卷积中的卷积核进行转置，再按常规卷积方法进行卷积就是转置卷积。假设输入图像矩阵为 $\boldsymbol{X}$，卷积核矩阵为 $\boldsymbol{C}$，常规卷积的输出为 $\boldsymbol{Y}$，则有：

$$Y = CX \tag{8.1}$$

两边同时乘卷积核的转置 C^{T}，这个公式便是转置卷积的输入、输出计算：

$$X = C^{\mathrm{T}}Y \tag{8.2}$$

一组常规卷积和转置卷积的示意图如图 8.8 所示。

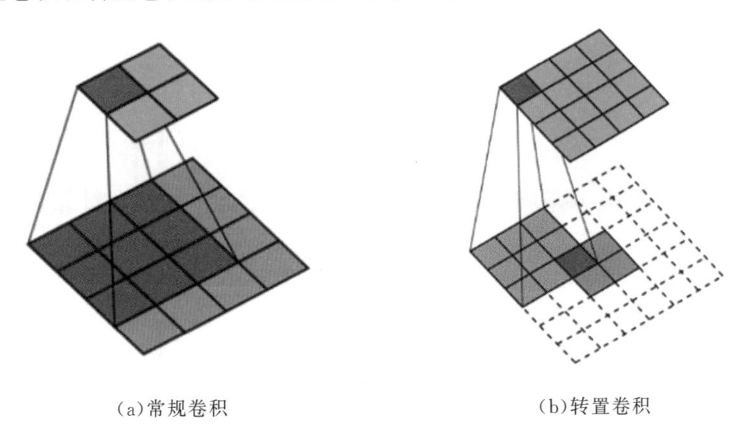

(a)常规卷积　　(b)转置卷积

图 8.8　常规卷积和转置卷积

8.2.3　全卷积网络

全卷积网络(Fully Convolutional Networks, FCN)可以算是对图像进行像素级分类的开山之作，率先给出了语义级别的图像分割解决方案。总体而言，FCN 遵循编码-解码的网络结构模式，使用 AlexNet 作为网络的编码器，采用双线性插值对编码器最后一个卷积层输出的特征图进行上采样，直到特征图恢复到输入图像的分辨率，因而可以实现像素级别的图像分割。FCN 有 FCN-8、FCN-16 和 FCN-32 三个版本，其结构如图 8.9 所示。

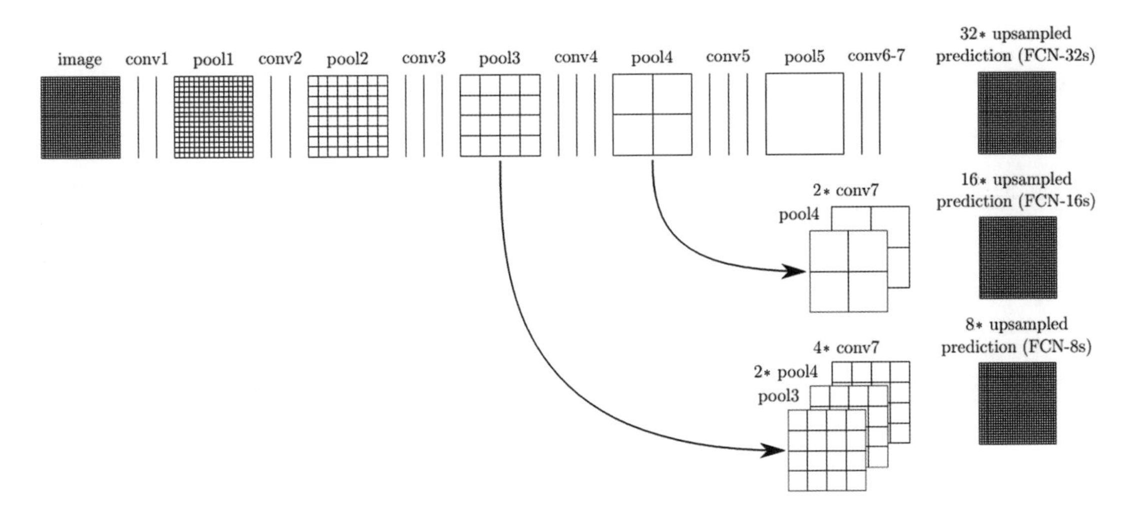

图 8.9　FCN 的结构

8.2.4 U-Net

U-Net 作为 FCN 的一种改进和发展，Ronneberger 等人通过扩展网络解码模块的容量来改进全卷积网络结构，并给编码和解码模块添加了同层分辨率级联来实现更精准的像素边界定位。U-Net的结构如图 8.10 所示。

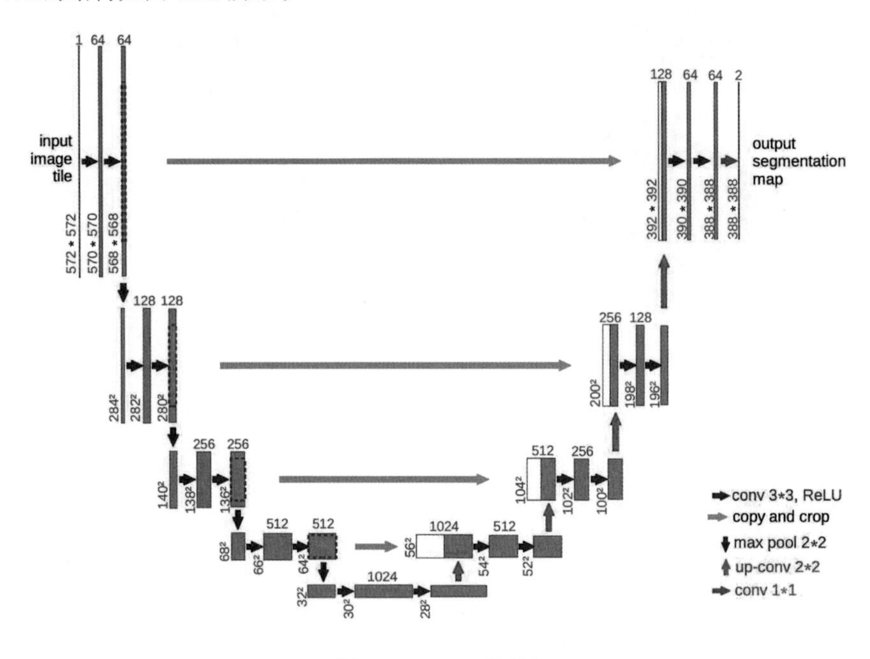

图 8.10 U-Net 的结构

根据 U-Net 的结构，网络左半边为收缩路径，即编码模块，从输入图像开始，每一层使用了两个 3 * 3 的卷积核进行卷积操作，每次卷积都进行 ReLU 激活，并使用步长为 2 的最大池化进行下采样。经过 4 次下采样之后特征图尺寸下降到 30 * 30 的大小。然后进入网络右半边的扩张路径。使用 2 * 2 大小的反卷积核进行上采样，在此过程中特征图的通道数减半。与此同时，将左半边卷积下采样生成的对称位置的特征图裁剪复制到右半边，即将上采样形成的特征图和下采样的特征图进行合并，合并之后为保持尺寸不被扩大得太严重，再进行 3 * 3 的卷积操作。如此经过 4 次上采样、特征图合并和 3 * 3 卷积，逐渐使图像达到语义分割标准的同时，也使图像恢复到输入尺寸大小。

U-Net 在海拉细胞分割上的效果如图 8.11 所示。其中图 8.11(a)为原始图像；图 8.11(b)为不同颜色标注的 Ground Truth；图 8.11(c)为 U-Net 生成的分割效果，其中白色为前景部分，即海拉细胞，黑色为背景部分；图 8.11(d)是对损失函数改进后使 U-Net 能够更好地学习细胞间的边界像素。

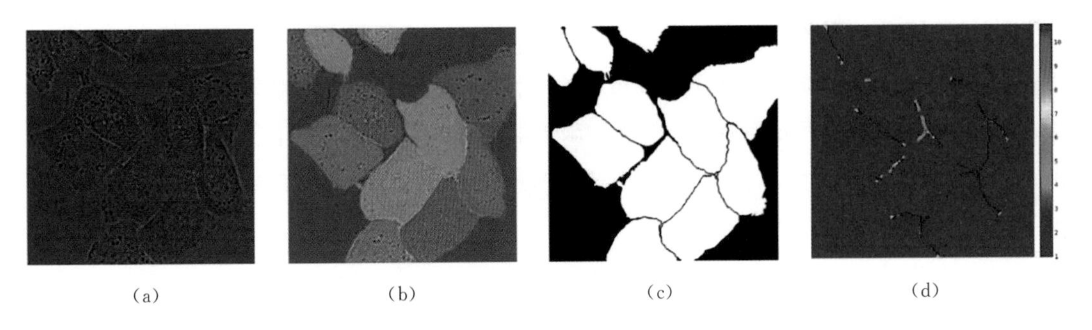

图 8.11　U-Net 在海拉细胞分割上的效果

近些年基于深度学习的图像分割在医疗领域中的应用越来越广泛，U-Net 似乎就是其中的体现之一，U-Net 在大量医学影像分割上的效果使得这种语义分割的网络架构非常流行，近年来在一些视觉比赛的冠军方案中也随处可见 U-Net 的身影。

8.2.5　V-Net

V-Net 可以理解为 3D 版本的 U-Net，适用于三维结构的医学影像分割。V-Net 能够实现 3D 图像端到端的图像语义分割，加了一些像残差学习一样的 Trick 来进行网络改进，总体结构上与 U-Net 差异不大。V-Net的结构如图 8.12 所示。

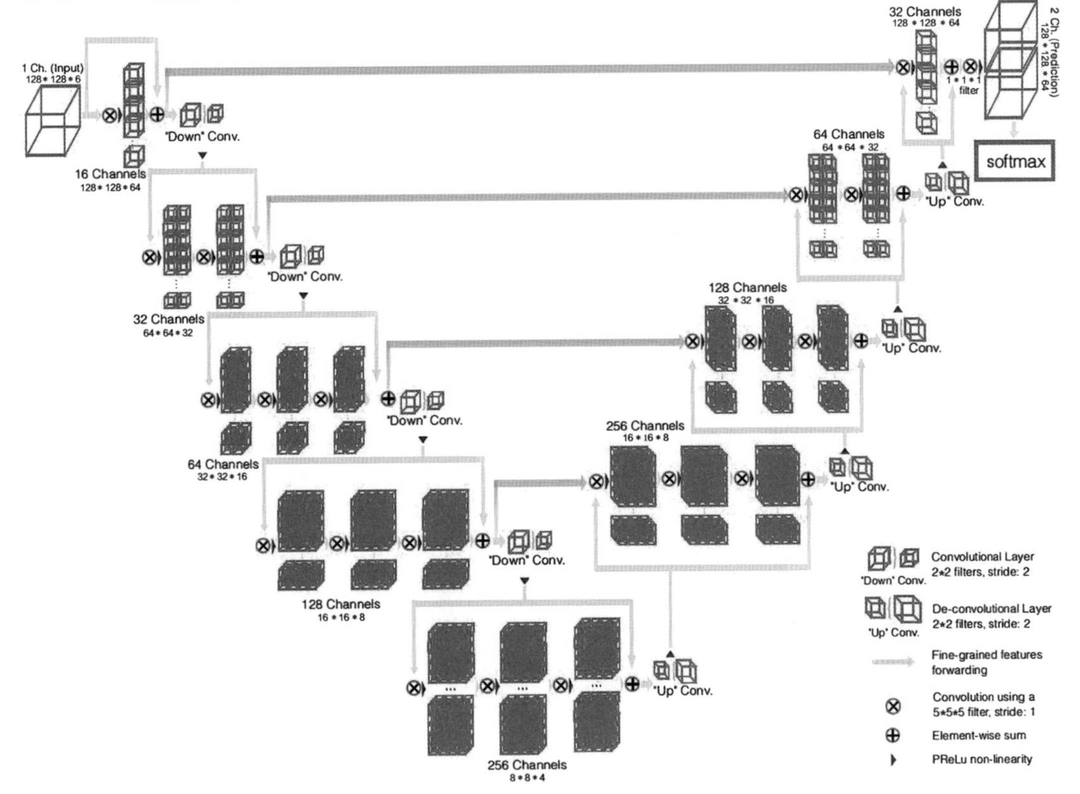

图 8.12　V-Net 的结构

以上仅列出了3种最为经典的语义分割网络结构。近两年来，语义分割任务的主要技术点已从早期以U-Net为代表的解决下采样造成的分辨率损失问题逐渐转移到以DeepLab系列网络为代表的如何利用多尺度信息的问题上。限于篇幅原因，关于多尺度信息、深监督结构、空洞卷积等更多的语义分割技术点和Deeplab、PSPNet、RefineNet等优秀语义分割网络均不做阐述，感兴趣的读者可自行查找相关文献进行学习。

本讲习题

尝试使用Keras实现一个U-Net框架。

第 9 讲

迁移学习理论与实践

在深度学习模型日益庞大的今天，并非所有人都拥有从头开始训练一个模型的软硬件条件，稀缺的数据和昂贵的计算资源都是我们需要面对的难题。迁移学习（Transfer Learning）可以帮助我们缓解在数据和计算资源上的尴尬。作为当前深度学习领域最重要的方法论之一，迁移学习有着自身的理论依据和实际效果验证。

9.1 迁移学习：深度学习未来五年的驱动力?

作为一门实验性学科，深度学习通常进行反复的实验和结果论证。在现在和将来，是否有海量的数据资源和强大的计算资源，将成为决定学界和业界深度学习和人工智能发展的关键因素。通常情况下，获取海量的数据资源对于企业而言并非易事，尤其是对于像医疗等特定领域的企业，要想做一个基于深度学习的医学影像辅助诊断系统，大量且高质量的打标数据非常关键。但通常而言，不要说高质量，就是想获取大量的医疗数据就已困难重重。

那怎么办呢？是不是获取不了海量的数据，研究就一定进行不下去了？当然不是。我们还有迁移学习。那究竟什么是迁移学习？顾名思义，迁移学习就是利用数据、任务或模型之间的相似性，将在旧领域学习过或训练好的模型，应用于新领域的过程。从这个定义里面，我们可以窥见迁移学习的关键点，即新的任务系统与旧的任务系统在数据、任务和模型之间的相似性。

在很多没有充分数据量的特定应用上，迁移学习会是一个极佳的研究方向。正如图 9.1 中吴恩达所说，迁移学习在未来五年内会是机器学习的下一个驱动力量。

图 9.1 吴恩达说迁移学习

9.2 迁移学习的使用场景

迁移学习到底在什么情况下使用呢？是不是模型训练不好就可以用迁移学习进行改进？当然不是。如前文所言，使用迁移学习的主要原因在于数据资源的可获得性和训练任务的成本。当我们有海量的数据资源时，自然不需要迁移学习，机器学习系统很容易从海量数据中学习到一个很稳健的模型。但通常情况下，我们需要研究的领域可获得的数据极为有限，仅靠有限的数据量进行学习，所习得的模型必然是不稳健的、效果差的，同时很容易造成过拟合，在少量的训练样本上精度极高，但是泛化效果极差。另一个原因在于训练成本，即所依赖的计算资源和耗费的训练时间。通常情况下，很少有人从头开始训练一个深度卷积网络，一个是上面提到的数据量问题；另一个是时间成本和计算资源的问题，从头开始训练一个深度卷积网络通常需要较长时间且要依赖于强大的图形处理器（GPU）计算资源，对于一门实验性极强的领域而言，花费好几天乃至一周的时间去训练一个深度卷积网络通常是代价巨大的。

所以，迁移学习的使用场景如下：假设有两个任务系统 A 和 B，任务 A 拥有海量的数据资源且已训练好，但并不是我们的目标任务；任务 B 是我们的目标任务，但数据量少且极为珍贵。这种场景便是典型的迁移学习的应用场景。那究竟什么时候使用迁移学习是有效的呢？对此我们不敢武断地下结论。但必须如前文所言，新的任务系统和旧的任务系统必须在数据、任务和模型等方面存在一定的相似性，如果将一个训练好的语音识别系统迁移到放射科的图像识别系统上，那么结果恐怕不会太好。所以，要判断一个迁移学习应用是否有效，还是要遵守最基本的原则，即任务 A 和任务 B 在输入上有一定的相似性，也就是说，两个任务的输入属于同一性质，要么同是图像，要么同是语音或其他，这便是前文说到的任务系统的相似性的含义之一。

9.3 深度卷积网络的可迁移性

还有一个值得探讨的问题，即深度卷积网络的可迁移性在于什么？为什么说两个任务具有同等性质的输入就具备可迁移性？一切都还得从卷积神经网络的基本原理说起。通过之前的学习可知，卷积神经网络具备良好的层次结构，通常而言，普通的卷积神经网络都具备卷积-池化-卷积-池化-全连接这样的层次结构，在深度可观时，卷积神经网络可以提取图像各个层次的特征。如图 9.2 所示，当我们要从图像中识别一张人脸时，通常我们首先会检测到图像的横的、竖的等边缘特征，然后会检测到脸部的一些曲线特征，最后会检测到脸部的鼻子、眼睛和嘴巴等具备明显识别要素的特征。

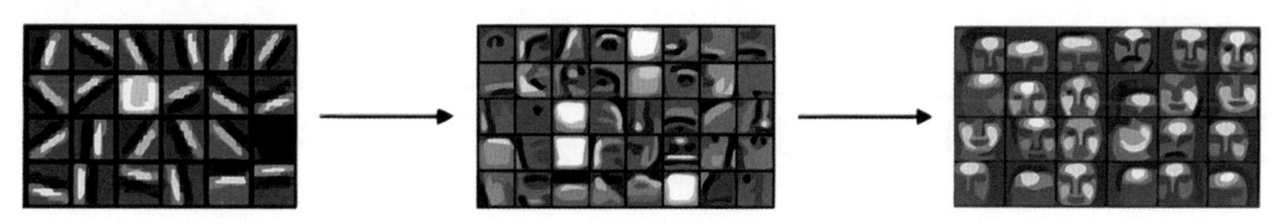

图 9.2 CNN 人脸特征的逐层提取

这便揭示了深度卷积网络可迁移性的基本原理和卷积网络训练过程的基本事实。具备良好层次的深度卷积网络通常都是在最初的前几层学习到图像的通用特征（General Feature），但随着网络层次的加深，卷积网络便逐渐开始检测到图像的特定特征，两个任务系统的输入越相近，深度卷积网络检测到的通用特征就越多，迁移学习的效果就越好。

9.4 迁移学习的使用方法

通常而言,迁移学习有两种使用方法。第一种便是常说的 Finetune,即微调,简单而言就是将别人训练好的网络拿来进行简单修改用于自己的学习任务中。在实际操作中,通常用预训练的网络权值对自己的网络权值进行初始化,以代替原先的随机初始化;第二种是 Fixed Feature Extractor,即将预训练的网络作为新任务的特征提取器,在实际操作中通常将网络的前几层进行冻结,只训练最后的全连接层,这时预训练网络便是一个特征提取器。

Keras 提供了经典网络在 ImageNet 上的预训练模型,预训练模型的基本信息如表 9.1 所示。

表 9.1 Keras 主要预训练模型的基本信息

模型	大小/MB	Top1 准确率	Top5 准确率	参数数目	深度
Xception	88	0.790	0.945	22910480	126
VGG16	528	0.715	0.901	138357544	23
VGG19	549	0.727	0.910	143667240	26
ResNet50	99	0.759	0.929	25636712	168
Inception v3	92	0.788	0.944	23851784	159
InceptionResNet v2	215	0.804	0.953	55873736	572
MobileNet	17	0.665	0.871	4253864	88

以上是迁移学习的基本理论和方法简介,下面来看一个简单的示例,看看迁移学习的实际使用方法。

9.5 基于 ResNet 的迁移学习实验

下面以一组包含 5 种类别花朵的数据集为例,使用 ResNet50 预训练模型进行迁移学习尝试。Flowers 数据集地址为 https://www.kaggle.com/fleanend/flowers-classification-with-transfer-learning/#data。下载数据集后解压可见共有 5 个文件夹,每个文件夹是一种花类,具体信息如表 9.2 所示。

表 9.2 Flowers 数据集分布

类别	数量
Daisy（雏菊）	633
Dandelion（蒲公英）	898
Roses（玫瑰）	640
Sunflowers（向日葵）	699
Tulips（郁金香）	799

5 种花类加起来共 3669 张图片，样本数据量不算少但也绝对算不上多。所以，这里采取迁移学习的策略来搭建花朵识别系统。花类图片如图 9.3 所示。

图 9.3 花类图片

需要导入的模块，如代码 9.1 所示。

代码 9.1 导入所需模块

```
# 导入相关模块
import os
import pandas as pd
import numpy as np
import cv2
import matplotlib.pyplot as plt
from PIL import Image
from sklearn.preprocessing import LabelEncoder
from sklearn.model_selection import train_test_split
import keras
from keras.preprocessing.image import ImageDataGenerator
from keras.models import Model
from keras.layers import Dense, Activation, Flatten, Dropout
from keras.layers import BatchNormalization
from keras.utils import np_utils
from keras.initializers import he_normal
```

```
from keras.applications.resnet50 import ResNet50
from tqdm import tqdm
```

9.5.1 提取数据标签

数据没有单独给出标签文件，需要我们自行通过文件夹提取每张图片的标签，建立标签 csv 文件，如代码 9.2 所示。

代码 9.2 生成标签

```
# 定义生成 csv 标签函数
def generate_csv(path):
    labels = pd.DataFrame()
    # 目录下每一类别文件夹
    items = [f for f in os.listdir(path)]
    # 遍历每一类别文件夹
    for i in tqdm(items):
        # 生成图片完整路径
        images = [path + i + '/' + img for img in os.listdir(path+i)]
        # 生成两列:图像路径和对应标签
        labels_data = pd.DataFrame({'images': images, 'labels': i})
        # 逐条记录合并
        labels = pd.concat((labels, labels_data))
    # 打乱顺序
    labels = labels.sample(frac=1, random_state=42)
    return labels
# 生成标签并查看前 5 行
labels = generate_csv('./flowers/')
labels.head()
```

标签提取结果示例如图 9.4 所示。

◆	images ◆	labels ◆
89	./flowers/sunflower/1008566138_6927679c8a.jpg	sunflower
856	./flowers/tulip/14491997336_36ba524713.jpg	tulip
238	./flowers/sunflower/2443921986_d4582c123a.jpg	sunflower
137	./flowers/dandelion/34653465656_31bc613631_n.jpg	dandelion
532	./flowers/rose/9159362388_c6f4cf3812_n.jpg	rose

图 9.4 标签提取结果示例

9.5.2 图片预处理

通过试验可知每张图片像素大小并不一致，所以在搭建模型之前，需要将图片整体缩放为统一尺寸。这里借助 OpenCV 的 Python 库 cv2 可以轻松实现图片的缩放，因为后面的迁移学习策略采用的是 ResNet50 作为预训练模型，所以这里将图片缩放为 224 * 224 * 3 大小。单张图片缩放示例如代码 9.3 所示。图 9.5 所示是一张玫瑰的原图展示。

图 9.5 玫瑰的原图展示

代码 9.3 单张图片缩放示例

```
# resize 缩放
img = cv2.resize(img, (224, 224))
# 转换成 RGB 色彩显示
img = cv2.cvtColor(img, cv2.COLOR_BGR2RGB)
plt.imshow(img)
plt.xticks([])
plt.yticks([])
```

缩放后的效果和尺寸如图 9.6 所示。

图 9.6 缩放后的效果和尺寸

批量读取缩放如代码 9.4 所示。

代码 9.4　批量读取缩放

```
# 定义批量读取并缩放
def read_images(df, resize_dim):
    total = 0
    images_array = []
    # 遍历标签文件中的图像路径
    for i in tqdm(df.images):
        # 读取并 resize
        img = cv2.imread(i)
        img_resized = cv2.resize(img, resize_dim)
        total += 1
        # 存入图像数组中
        images_array.append(img_resized)
    print(total, 'iamges have resized.')
    return images_array
# 批量读取
images_array = read_images(labels, (224, 224))
```

原始图片并不复杂，所以除对其进行缩放处理之外基本无须多做处理。下一步需要准备训练数据和验证数据。

9.5.3　准备数据

处理好的图片无法直接拿来训练，需要将其转化为 Numpy 数组的形式。另外，标签也需要进一步处理，如代码 9.5 所示。

代码 9.5　分类标签处理

```
# 转化为图像数组
X = np.array(images_array)
# 标签编码
lbl = LabelEncoder().fit(list(labels['labels'].values))
labels['code_labels'] = pd.DataFrame(lbl.transform(list(labels['labels'].values)))
# 分类标签转换
y = np_utils.to_categorical(labels.code_labels.values, 5)
```

转化后的图像数组大小为 3669 * 224 * 224 * 3，标签维度为 3669 * 5，与实际数据一致。数据准备好后，可以用 Sklearn 划分一下数据集，如代码 9.6 所示。

代码 9.6　数据集划分

```
# 划分为训练集和验证集
X_train, X_valid, y_train, y_valid = train_test_split(X, y, test_size=0.2,
    random_state=42)
```

然后可以用 Keras 的 ImageDataGenerator 模块来按批次生成训练数据，并对训练集做一些简单的数据增强，如代码 9.7 所示。

代码 9.7 数据增强和按批次导入数据

```
# 训练集生成器，中间做一些数据增强
train_datagen = ImageDataGenerator(
    rescale=1. / 255,
    rotation_range=40,
    width_shift_range=0.4,
    height_shift_range=0.4,
    shear_range=0.2,
    zoom_range=0.3,
    horizontal_flip=True
)

# 验证集生成器，无须做数据增强
val_datagen = ImageDataGenerator(
    rescale=1. / 255
)

# 按批次导入训练数据
train_generator = train_datagen.flow(
    X_train,
    y_train,
    batch_size=32
)
# 按批次导入验证数据
val_generator = val_datagen.flow(
    X_valid,
    y_valid,
    batch_size=32
)
```

训练数据和验证数据划分完毕，就可以利用迁移学习模型进行训练了。

9.5.4 基于 ResNet50 的迁移学习模型

试验模型的基本策略就是以预训练模型的权重作为特征提取器，将预训练的权重进行冻结，只训练全连接层。

构建模型如代码 9.8 所示。

代码 9.8 构建模型

```
# 定义模型构建函数
def flower_model():
    base _model = ResNet50(include_top=False, weights='imagenet', input_shape=(224,
        224, 3))
```

```
    # 冻结 base_model 的层,不参与训练
    for layers in base_model.layers:
        layers.trainable = False
    # base_model 的输出并展平
    model = Flatten()(base_model.output)
    # 添加批归一化层
    model = BatchNormalization()(model)
    # 全连接层
    model = Dense(2048, activation='relu', kernel_initializer=he_normal(seed=42))
        (model)
    # 添加批归一化层
    model = BatchNormalization()(model)
    # 全连接层
    model = Dense(1024, activation='relu', kernel_initializer=he_normal(seed=42))
        (model)
    # 添加批归一化层
    model = BatchNormalization()(model)
    # 全连接层并指定分类数和 softmax 激活函数
    model = Dense(5, activation='softmax')(model)
    model = Model(inputs=base_model.input, outputs=model)
    # 指定损失函数、优化器、性能度量标准并编译
    model.compile(loss='categorical_crossentropy', optimizer='adam',
        metrics=['accuracy'])
    return model
```

最后即可执行训练,如代码 9.9 所示。

代码 9.9　执行训练

```
# 调用模型
model = flower_model()
# 使用 fit_generator 方法执行训练
model.fit_generator(
        generator=train_generator,
        steps_per_epoch=len(X_train) / 32,
        epochs=30,
        validation_steps=len(X_valid) / 32,
        validation_data=val_generator,
        verbose=2
)
```

迁移学习的训练过程如图 9.7 所示。

经过 20 个 epoch 训练之后,验证集准确率会达到 90%以上,读者可自行尝试一些模型改进方案来达到更高的准确度。

```
Epoch 15/30
 - 71s - loss: 0.2056 - acc: 0.9273 - val_loss: 0.2919 - val_acc: 0.9326
Epoch 16/30
 - 71s - loss: 0.1885 - acc: 0.9334 - val_loss: 0.3071 - val_acc: 0.9302
Epoch 17/30
 - 71s - loss: 0.1990 - acc: 0.9325 - val_loss: 0.3516 - val_acc: 0.9186
Epoch 18/30
 - 71s - loss: 0.2010 - acc: 0.9282 - val_loss: 0.3549 - val_acc: 0.9128
Epoch 19/30
 - 71s - loss: 0.1670 - acc: 0.9378 - val_loss: 0.3110 - val_acc: 0.9314
Epoch 20/30
 - 71s - loss: 0.1716 - acc: 0.9369 - val_loss: 0.3689 - val_acc: 0.9174
Epoch 21/30
 - 71s - loss: 0.2147 - acc: 0.9302 - val_loss: 0.3459 - val_acc: 0.9116
Epoch 22/30
 - 71s - loss: 0.1661 - acc: 0.9428 - val_loss: 0.3267 - val_acc: 0.9140
Epoch 23/30
 - 71s - loss: 0.1464 - acc: 0.9504 - val_loss: 0.3307 - val_acc: 0.9221
Epoch 24/30
 - 71s - loss: 0.1465 - acc: 0.9477 - val_loss: 0.3521 - val_acc: 0.9267
Epoch 25/30
 - 71s - loss: 0.1478 - acc: 0.9451 - val_loss: 0.3261 - val_acc: 0.9209
Epoch 26/30
 - 71s - loss: 0.1463 - acc: 0.9495 - val_loss: 0.3769 - val_acc: 0.9267
Epoch 27/30
 - 71s - loss: 0.1389 - acc: 0.9524 - val_loss: 0.3278 - val_acc: 0.9233
```

图 9.7　迁移学习的训练过程

本讲习题

尝试分别使用 VGG16、Inception v3 和 Xception 来测试本讲的花朵识别实验。

第 10 讲

循环神经网络

深度学习以处理非结构化数据而著称。除常见的应用在图像领域中的 CNN 之外，对于语音和文本等序列型的非结构化数据，CNN 的处理效果并不好。本讲将介绍一种在自然语言处理等领域中应用非常广泛的序列网络模型——循环神经网络（Recurrent Neural Network, RNN）。

10.1 从语音识别到自然语言处理

CNN 致力于解决如何让计算机理解图像的问题，但仅仅是视觉层面，还远远谈不上人工智能。人工智能除要具备视觉能力之外，还得具备听力和读写能力。机器如何听的问题，就是深度学习在语音识别方面的应用。语音识别应该是日常生活中比较常见的深度学习应用了，例如，苹果的 Siri、阿里的天猫精灵智能音箱等，大家可以轻而易举地生成一段语音数据，Siri 收到你的语音信号后，通过内置的模型和算法将你的语音转化为文本，并根据你的语音指令给出反馈。那么语音识别这么高级的技术适用于深度学习方法吗？当然可以。相较于图像三维矩阵的存在形式，下面先来看看语音在计算机中是以何种形态呈现的。

语音通常是由音频信号构成的，而音频信号本身又是以声波的形式进行传递的，一段语音的波形通常是一种时序状态，也就是说，音频是按照时间顺序播放的。一段语音信号外形如图 10.1所示。

图 10.1 语音信号外形

通过一些预处理和转换技术，可以将声波转换为更小的声音单元，即音频块。所以，在语音识别的深度学习模型中，输入就是原始的语音片段经过预处理之后的一个个音频块，这样的音频块是以序列形式存在的，所以输入是一个序列。那么输出呢，也就是语音识别的结果是什么？语音识别的结果通常以一段文字的形式呈现，例如，Siri 会快速识别出你的语音指令并将识别结果以文字形式打印在手机屏幕上。这段文字也是一个按顺序排列的文本序列，所以输出也是一个序列。那么如何建立由序列输入到序列输出之间的有监督机器学习模型呢？这便是 RNN 要做的事。

让机器能看懂图像、听懂语音还不够，最好还能理解人类语言。所谓自然语言处理（Natural Language Processing，NLP），就是让计算机具备处理、理解和运用人类语言的能力。实际上，NLP 的任务难度要远大于计算机视觉。人类语言具有多样性、复杂性和歧义性，即使是一个国家、一个省份甚至一个地区大家说的语言都不同，我们自己都谈不上能充分理解人类语言，更何况去让机器理解？虽说如此，但在基于深度学习的自然语言处理上，目前在一定程度上确实能做到让机器理解人类语言。

没有语言，我们的思维就无从谈起，那么对于机器来说，没有语言，人工智能永远都不够智能。所以，从这个角度来说，自然语言处理代表了深度学习的最高任务境界。虽说是最高境界，但也脱离不了有监督机器学习的基本范式。下面以 NLP 的一个应用案例——机器翻译来分析一下，看看基于深度学习自然语言处理问题是如何被规范为一个从输入到输出的有监督机器学习问题的。

相信不少读者都用过机器翻译，谷歌翻译、百度翻译、有道翻译等在线翻译工具，很多人应该都有过将大段的英文复制粘贴到上面进行翻译的经历。在这样一个问题里，模型输入毫无疑问就是一段待翻译的中文、英文或任意国家的文字，总体来说，输入是由一个个单词或文字组成的序列文本。那么作为翻译的结果，输出也是一个个单词或文字组成的序列文本，只不过换了一种语言，所以在机器翻译这样一个自然语言处理问题中，研究的关键在于如何构建一个深度学习模型来将输入语言转化为输出语言。可以看出，这个问题与前面语音识别的例子很像，它们输入、输出的形式都是序列化的。针对这样的序列建模问题，深度学习给出的网络方案与语音识别一样，都是循环神经网络。图 10.2给出的是谷歌机器翻译的例子。

图 10.2　谷歌机器翻译的例子

对博大精深的自然语言处理来说，机器翻译还仅仅是一个小的方向，除此之外，自然语言处理还包括很多有趣的研究与应用方向，如句法语义分析、文本挖掘、信息检索、问答系统等。但是不管是哪个方向的应用，只要是属于有监督机器学习性质的深度学习问题，都可以将其归纳为一个从输入到输出的有监督机器学习问题。

10.2 RNN：网络架构与技术

相较于 DNN 和 CNN，RNN 结构有什么特别之处？它与前两者又有哪些不一样的结构设计？在对 RNN 的结构进行深入了解之前，先来对 RNN 的应用场景进行梳理。假设在进行语音识别时，给定了一个输入音频片段 X，要求输出一个文本片段 Y，其中输入 X 是一个按照时间播放的音频片段，输出 Y 是一个按照顺序排列的由单词组成的一句话，所以在 RNN 中输入、输出都是序列性质的。针对这样输入、输出的有监督学习，最适合的神经网络结构就是循环神经网络。为什么循环神经网络最适用于这种场景？

假设现在需要对输入的一段话识别其中每个单词是否为人名，即输入是一段文本序列，输出是一个识别每个单词是否为人名的序列。假设这段话有 9 个单词，将其转化为 9 个 one-hot 向量输入到标准神经网络中去，经过一些隐藏层和激活函数的处理得到最终 9 个值为 0/1 的输出。但这样做的问题有两个，具体如下。

(1)输入、输出的长度是否相等及输入大小不固定的问题。在语音识别问题中，输入音频序列和输出文本序列很少是长度相等的，普通网络难以处理这个问题。

(2)普通神经网络结构不能共享从文本不同位置上学到的特征，简单来说，就是如果神经网络已经从位置 1 学到了 louwill 是一个人名，那么如果 louwill 出现在其他位置，神经网络就可以自动识别到它就是已经学习过的人名，这种共享可以减少训练参数和提高网络效率，普通网络不能达到这样的目的。

所以，从直观上看，普通神经网络和RNN 在结构上是有区别的，如图 10.3 所示。

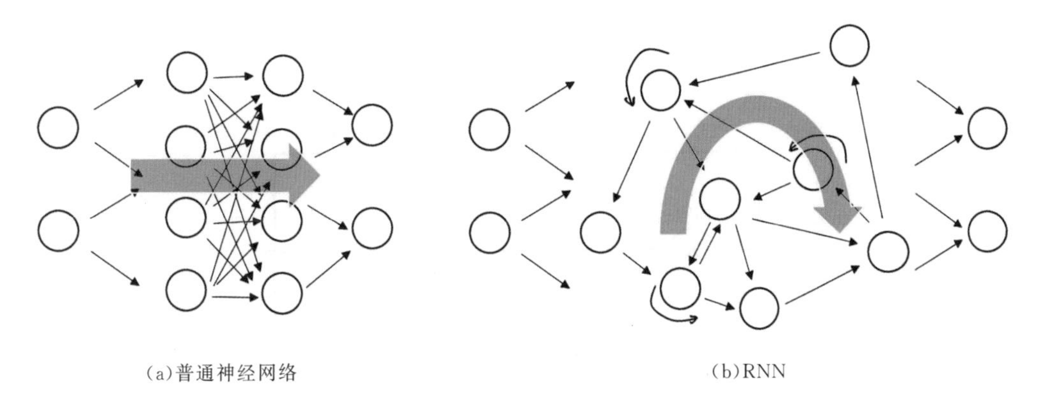

图 10.3 普通神经网络和 RNN 在结构上的区别

那么 RNN 的具体结构是怎样的？

假设要将一个句子输入 RNN，第一个输入的单词是 x_1，将 x_1 输入神经网络，经过隐状态输出识别其是否为人名，即输出为 y_1。同时网络初始化隐状态激活值，并在隐状态中结合输入

x_1 进行激活计算传入到下一个时间步(Time Step)。当输入第二个单词 x_2 时,除使用 x_2 预测输出 y_2 之外,当前时间步的激活函数会基于上一个时间步进行激活计算,即第二个时间步利用了第一个时间步的信息,这便是循环(Recurrent)的含义。如此下去,一直到网络在最后一个时间步输出 y_n 和激活值 a_n。所以,在每一个时间步中,RNN 都会传递一个激活值到下一个时间步中用于计算。

图 10.4 所示是 RNN 的基本结构。图 10.4 的左边是一个统一的表现形式,右边则是左边的展开图解。在这样的循环神经网络中,当预测 y_t 时,不仅要使用 x_t 的信息,还要使用 x_{t-1} 的信息,因为在横轴路径上的隐状态激活信息可以预测 y_t。

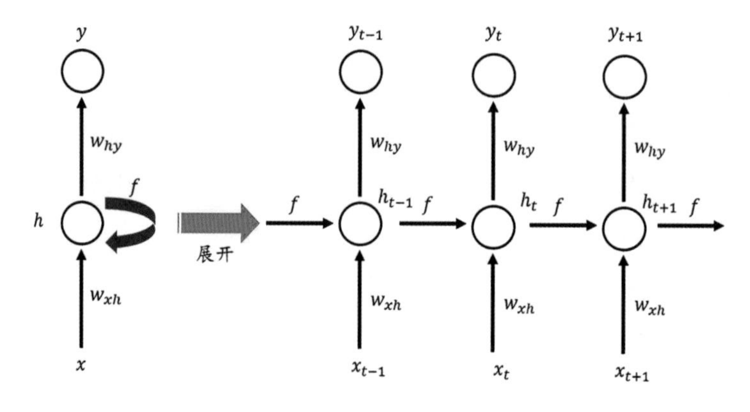

图 10.4 RNN 的基本结构

所以,RNN 单元结构通常需要进行两次激活计算,一次是结合上一个时间步的隐状态值和输入的计算,另一次是基于当前隐状态值的输出计算。一个 RNN 单元和两次激活计算如图 10.5 所示。

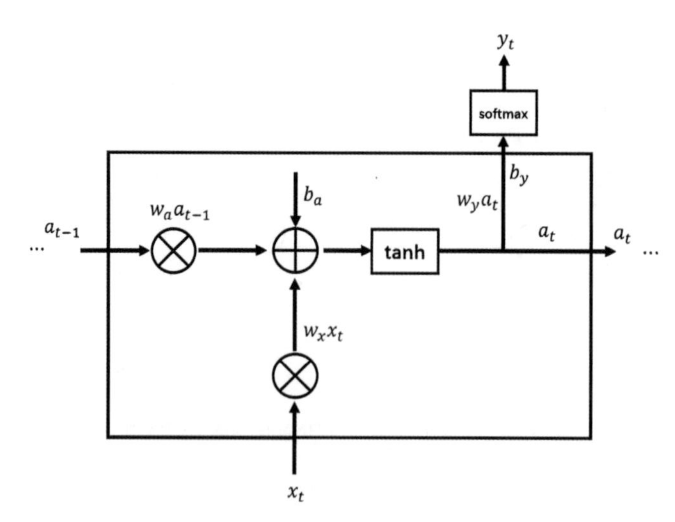

图 10.5 一个 RNN 单元和两次激活计算

两次激活计算公式如下。

$$a_t = \tanh(w_x x_t + w_a a_{t-1} + b_a) \tag{10.1}$$

$$y_t = \mathrm{softmax}(w_y a_t + b_y) \tag{10.2}$$

其中隐藏层的激活函数一般采用 tanh，而输入、输出的激活函数一般使用 sigmoid 或 softmax。当多个这样的 RNN 单元组合到一起便是 RNN，一个 RNN 结构如图 10.6 所示。

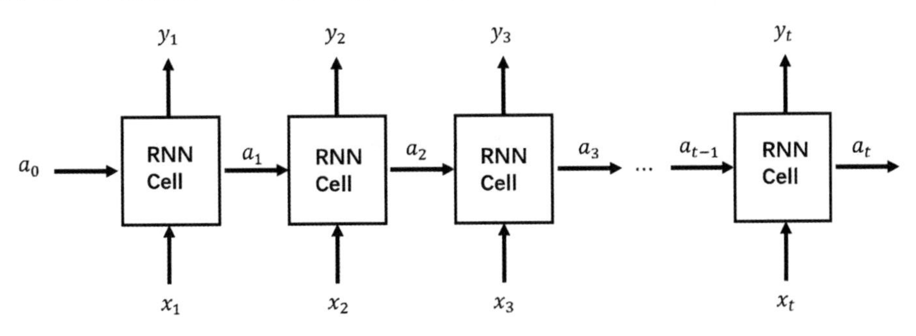

图 10.6 RNN 结构

这样带有时间和记忆属性的神经网络模型使得深度学习可以解决语音识别和自然语言处理等序列建模问题。

10.3 四种 RNN 结构

以上是 RNN 最基本的结构形式，但 NLP 等序列建模问题多样且复杂，基础的 RNN 结构并不够用，在初始 RNN 结构的基础上，针对多种不同的任务类型，RNN 可以分为如表 10.1 所示的四种类型。

表 10.1 四种 RNN 结构

结构类型	简称	适用任务场景
一对多	1 VS N	根据类型生成对应音乐或图像等
多对一	N VS 1	情感分析、文本分类等
多对多（等长）	N VS N	视频每帧分类等
多对多（不等长）	N VS M	机器翻译、语言识别等

下面就简单介绍一下这四种 RNN 结构。

首先是一对多结构。所谓一对多，是指 RNN 只有一个输入，但却有多个输出的情形，即输入为单一值，输出为一个序列，其结构如图 10.7 所示。一对多结构在音乐生成、图像生成或视频生成等方面有着广泛的应用。指定一种类型，要神经网络生成这个类型的音乐，这是一种较为常见的应用。

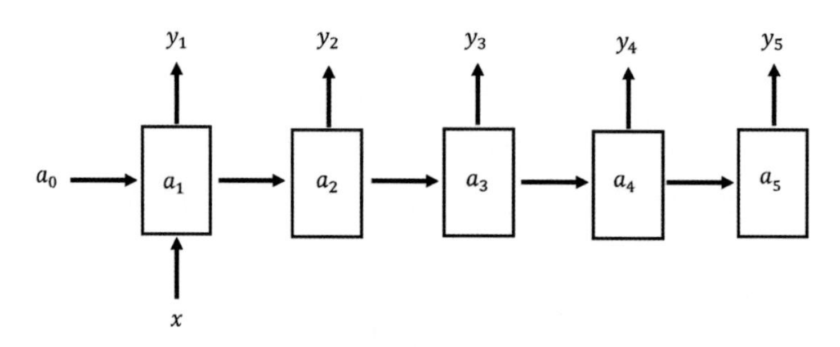

图 10.7 一对多结构

与一对多相对应的则是多对一结构，多对一正好与一对多的输入、输出相反，即有多个输入，但仅有一个输出。这种结构也有广泛的应用场景，例如，对电影评论的情感分析，就是一个简单的文本分类问题，输入有多个，但输出只有一个类别标签。多对一结构如图 10.8 所示。

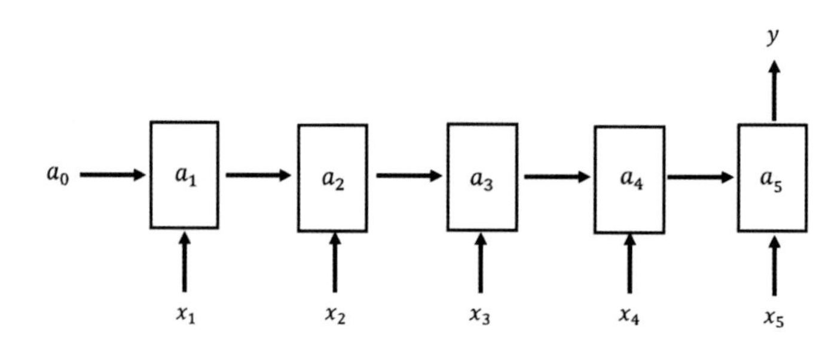

图 10.8 多对一结构

最后是多对多结构，即输入、输出都是多个的情形。但多对多结构又可以分为输入、输出等长和不等长两种情形。等长的多对多结构也就是前文提到的经典 RNN 结构，有多少个输入就有多少个输出，这个限制使得等长 RNN 结构在实际中应用并不广泛，但也有一些应用场景是等长多对多的，例如，对视频进行逐帧分类，每一帧都打一个标签，这就是一种等长的多对多结构。等长的多对多结构如图 10.9 所示。

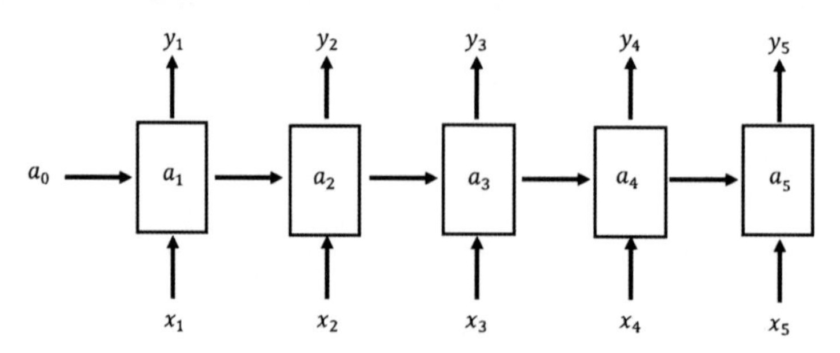

图 10.9 等长的多对多结构

最常见的是不等长的多对多结构，即输入、输出虽然都是多个，但是并不相等。这种不等长的输入、输出模型也叫作 seq2seq(序列对序列)模型，不等长的多对多结构符合实际序列建模的大多数情况，很多时候输入、输出序列并不等长，例如，在进行汉译英的机器翻译时，输入的汉语句子和输出的英文句子基本不等长。对于这种情况，RNN 的做法通常是先将输入序列编码成一个上下文向量 $\boldsymbol{C}$，如图 10.10 所示。

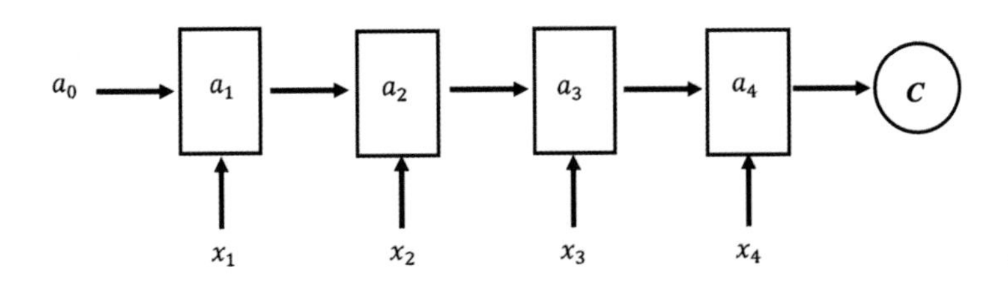

图 10.10 多对多编码结构

编码完成后再用一个 RNN 对 $\boldsymbol{C}$ 的结果进行解码，简而言之，就是将 $\boldsymbol{C}$ 作为初始状态的隐变量输入到解码网络，如图 10.11 所示。

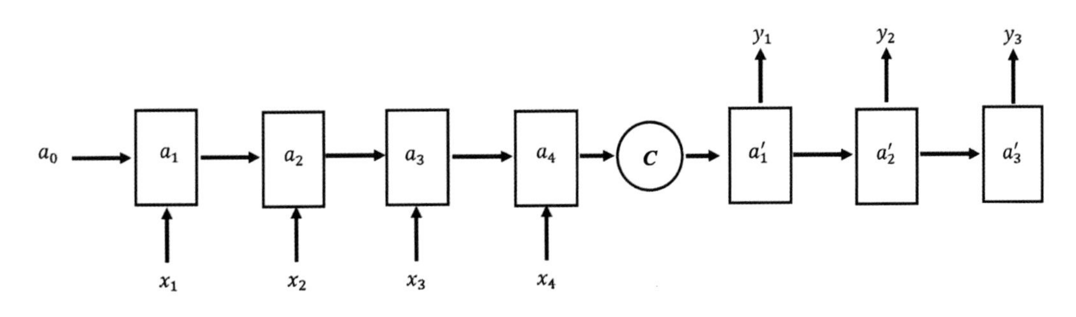

图 10.11 “编码+解码”结构

不等长的多对多结构因为对输入、输出长度没有限制，因而有着特别广泛的应用，主要包括语音识别、机器翻译、文本摘要生成和阅读理解等。

本讲习题

尝试使用 Numpy 实现一个 RNN 单元。

第 11 讲

长短期记忆网络

原始结构的 RNN 还不足以处理较复杂的序列建模问题，它存在较严重的梯度消失问题，最直观的现象就是随着网络层数的增加，网络会逐渐变得无法训练。 长短期记忆网络（Long Short Time Memory，LSTM）正是为了解决梯度消失问题而设计的一种特殊的 RNN 结构。

11.1 深度神经网络的困扰：梯度爆炸与梯度消失

此前讲解过普通深度神经网络和深度卷积网络，图 11.1 就是一个简单的两层普通网络，但当网络结构变深时，神经网络在训练时会碰到梯度爆炸或梯度消失的情况。那么什么是梯度爆炸和梯度消失呢？它们又是怎样产生的？

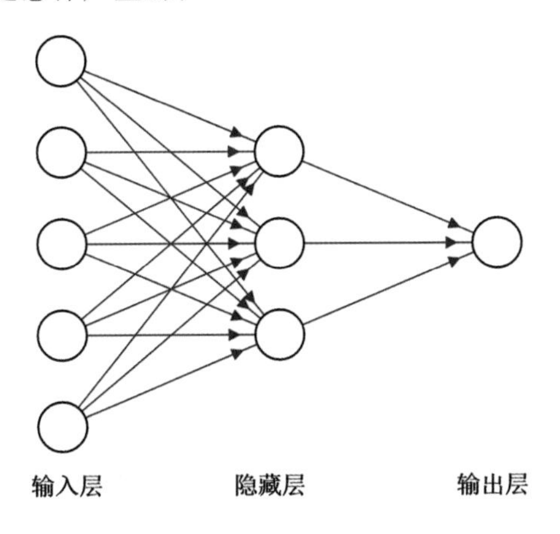

图 11.1　两层普通网络

鉴于神经网络的训练机制，不管是哪种神经网络，其训练都是通过反向传播计算梯度来实现权重更新的。通过设定损失函数，建立损失函数关于各层网络输入、输出的梯度计算，当网络训练开动起来时，系统便按照反向传播机制来不断更新网络各层参数直到停止训练为止。但当网络层数加深时，这个训练系统变得不是很稳定，经常会出现一些问题。其中梯度爆炸和梯度消失便是较严重的两个问题。

所谓梯度爆炸，就是在神经网络训练过程中，梯度变得越来越大导致神经网络权重疯狂更新的情形。这种情况很容易发生，因为梯度过大，计算更新得到的参数也会大到崩溃，这时就可能看到更新的参数值中有很多的 NaN（未定义或不可表示的值），这说明梯度爆炸已经使得参数更新出现数值溢出。这便是梯度爆炸的基本情况。

然后是梯度消失。与梯度爆炸相反的是，梯度消失就是在神经网络训练过程中梯度变得越来越小以至于梯度得不到更新的一种情形。当网络加深时，网络深处的误差因为梯度的减小很难影响到前层网络的权重更新，一旦权重得不到有效的更新计算，神经网络的训练机制也就失效了。

为什么在神经网络训练过程中梯度会变得越来越大或越来越小？这个问题可以用本书第 1 讲的神经网络反向传播推导公式来解释。

$$\frac{\partial L}{\partial a_2}=\frac{\mathrm{d}}{\mathrm{d}a_2}L(a_2,y)=(-y\log a_2-(1-y)\log(1-a_2))'=-\frac{y}{a_2}+\frac{1-y}{1-a_2} \tag{11.1}$$

$$\frac{\partial L}{\partial Z_2}=\frac{\partial L}{\partial a_2}\frac{\partial a_2}{\partial Z_2}=a_2-y \tag{11.2}$$

$$\frac{\partial L}{\partial w_2}=\frac{\partial L}{\partial a_2}\frac{\partial a_2}{\partial Z_2}\frac{\partial Z_2}{\partial w_2}=\frac{1}{m}\frac{\partial L}{\partial Z_2}a_1=\frac{1}{m}(a_2-y)a_1 \tag{11.3}$$

$$\frac{\partial L}{\partial b_2}=\frac{\partial L}{\partial a_2}\frac{\partial a_2}{\partial Z_2}\frac{\partial Z_2}{\partial b_2}=\frac{\partial L}{\partial Z_2}=a_2-y \tag{11.4}$$

$$\frac{\partial L}{\partial a_1}=\frac{\partial L}{\partial a_2}\frac{\partial a_2}{\partial Z_2}\frac{\partial Z_2}{\partial a_1}=(a_2-y)w_2 \tag{11.5}$$

$$\frac{\partial L}{\partial Z_1}=\frac{\partial L}{\partial a_2}\frac{\partial a_2}{\partial Z_2}\frac{\partial Z_2}{\partial a_1}\frac{\partial a_1}{\partial Z_1}=(a_2-y)w_2\sigma'(Z_1) \tag{11.6}$$

$$\frac{\partial L}{\partial w_1}=\frac{\partial L}{\partial a_2}\frac{\partial a_2}{\partial Z_2}\frac{\partial Z_2}{\partial a_1}\frac{\partial a_1}{\partial Z_1}\frac{\partial Z_1}{\partial w_1}=(a_2-y)w_2\sigma'(Z_1)x \tag{11.7}$$

$$\frac{\partial L}{\partial b_1}=\frac{\partial L}{\partial a_2}\frac{\partial a_2}{\partial Z_2}\frac{\partial Z_2}{\partial a_1}\frac{\partial a_1}{\partial Z_1}\frac{\partial Z_1}{\partial b_1}=(a_2-y)w_2\sigma'(Z_1) \tag{11.8}$$

式(11.1)～式(11.8)是一个两层网络的反向传播参数更新公式推导过程。离输出层相对较远的是输入到隐藏层的权重参数，可以看到损失函数对于隐藏层输出 a_1、输入到隐藏层权重 w_1 和偏置 b_1 的梯度计算公式，一般而言都会转换成下一层的权重乘激活函数求导后的式子。如果激活函数求导后的结果和下一层权重的乘积大于 1，或者说远远大于 1，那么当网络层数加深时，层层递增的网络在做梯度更新时往往就会出现梯度爆炸的情况。如果激活函数求导后的结果和下一层权重的乘积小于 1，那么当网络加深时，浅层的网络梯度计算结果会越来越小往往就会出现梯度消失的情况。所以，可以说是反向传播的机制本身造就了梯度爆炸和梯度消失这两种不稳定因素。例如，一个 100 层的深度神经网络，假设每一层的梯度计算值都为 1.1，经过由输出到输入的反向传播梯度计算可能最后的梯度值就变成 $1.1^{100}\approx 13780.61234$，这是一个极大的梯度值了，足以造成计算溢出。若是每一层的梯度计算值为 0.9，反向传播输入层的梯度计算值则可能为 $0.9^{100}\approx 0.000026561399$，小到足以造成梯度消失。本例只是一个简化的假设情况，实际反向传播计算更复杂。

所以，总体来说，在神经网络的训练中梯度过大或过小引起的参数过大或过小都会导致神经网络失效，那我们的目的就是要让梯度计算回归到正常的区间范围，不要过大也不要过小，这也是解决这两个问题的一个思路。

那么如何解决梯度爆炸和梯度消失问题呢？梯度爆炸较容易处理，在实际训练时对梯度进行修剪即可，但是梯度消失的处理就比较麻烦了，由上述的分析可知梯度消失的一个关键在于激活函数。sigmoid 激活函数本身就更容易产生这个问题，所以一般而言，换上更加鲁棒的 ReLU 激活函数及给神经网络加上归一化激活函数层(BN 层)，一般问题都能得到很好的解决，但也不是任何情形下都适用，如 RNN 网络，具体会在下文中进行探讨。

以上便是梯度爆炸和梯度消失这两个问题的基本解释，下面回归正题，来谈谈本文的主角——LSTM。

11.2 LSTM：让 RNN 具备更好的记忆机制

前面做了很多铺垫，全部都是为了来讲解 LSTM。普通神经网络和卷积神经网络都有梯度爆炸和梯度消失，那么 RNN 也有吗？必须有。而且梯度爆炸和梯度消失的问题对 RNN 的伤害更大。当 RNN 网络加深时，因为梯度消失的问题使得前层的网络权重得不到更新，RNN 就会在一定程度上丢失记忆性。为此，在传统的 RNN 结构基础上，研究人员给出一些著名的改进方案，因为这些改进方案都脱离不了经典的 RNN 结构，所以一般来说我们也称这些改进方案为 RNN 变种网络。比较著名的就是循环门控单元(GRU)和长短期记忆网络(LSTM)。GRU 和 LSTM 的结构基本一致，但有部分不同的地方，本讲以更有代表性的 LSTM 来进行详解。

在正式深入 LSTM 的技术细节之前，先要明确几点。第一，LSTM 的本质是一种 RNN 网络；第二，LSTM 在传统的 RNN 结构上做了相对复杂的改进，这些改进使得 LSTM 相对于经典 RNN 能够更好地解决梯度爆炸和梯度消失问题，让循环神经网络具备更强、更好的记忆性能，这也是 LSTM 的价值所在。下面就来重点看一下 LSTM 的技术细节。

首先摆一张经典 RNN 结构与 LSTM 结构对比图，这样能够有一个宏观的把握，然后再针对 LSTM 结构图中各个部分进行拆解分析。图 11.2 所示是标准 RNN 结构，图 11.3 所示是 LSTM 结构。

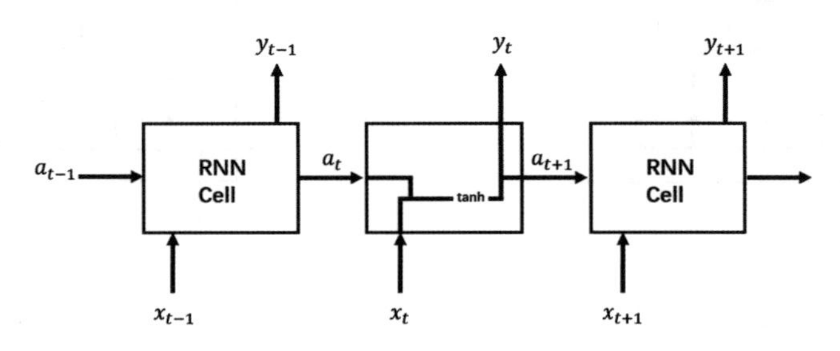

图 11.2 标准 RNN 结构

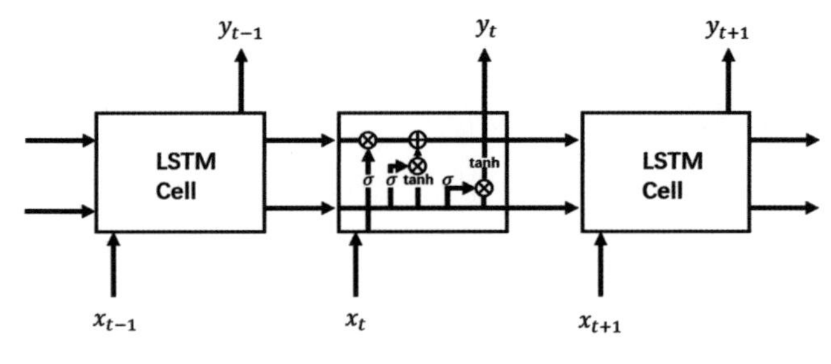

图 11.3 LSTM 结构

从图 11.3 中可以看出，相较于 RNN 单元，LSTM 单元要复杂许多。每个 LSTM 单元中包含了 4 个交互的网络层，下面将 LSTM 单元放大，并标注上各个结构名称，如图 11.4 所示。

根据图 11.4，一个完整的 LSTM 单元可以用式(11.9)～式(11.14)来表示，其中 [] 符号表示两个变量合并。

$$\Gamma_t^f=\sigma(w_f[a_{t-1},x_t]+b_f) \tag{11.9}$$

$$\Gamma_t^u=\sigma(w_u[a_{t-1},x_t]+b_u) \tag{11.10}$$

$$c_t'=\tanh(w_c[a_{t-1},x_t]+b_c) \tag{11.11}$$

$$c_t=\Gamma_t^f c_{t-1}+\Gamma_t^u c_t' \tag{11.12}$$

$$\Gamma_t^o=\sigma(w_o[a_{t-1},x_t]+b_o) \tag{11.13}$$

$$a_t=\Gamma_t^o\tanh(c_t) \tag{11.14}$$

下面将 LSTM 单元结构图进行分解，根据结构图和公式逐模块解释 LSTM。

1. LSTM 记忆细胞 $c_{t-1}\gg c_t$

在 LSTM 单元的最上面部分有一条贯穿的箭头直线，这条直线由 c_{t-1} 输入，到 c_t 输出，如图 11.5 红色部分所示。相较于 RNN，LSTM 提供了 c 作为记忆细胞输入。记忆细胞提供了记忆的功能，在网络结构加深时仍能传递前后层的网络信息。这样贯穿的直线使得记忆信息在网络各层之间很容易保持下去。

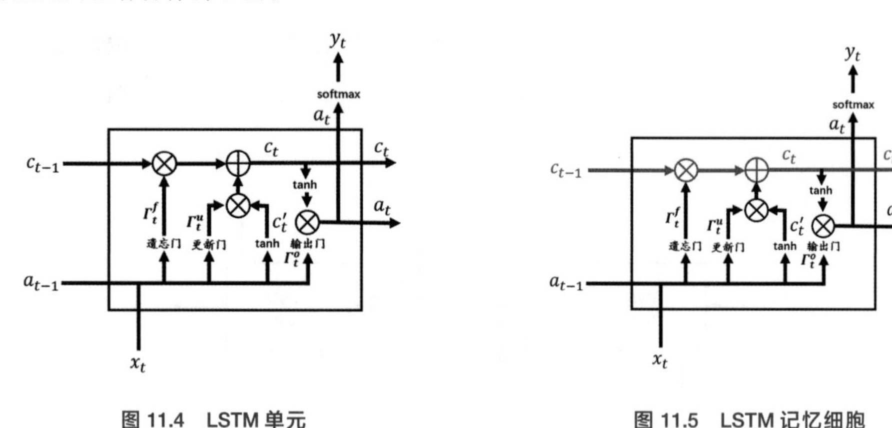

图 11.4　LSTM 单元　　　　图 11.5　LSTM 记忆细胞

2. 遗忘门

遗忘门(Forget Gate)的计算公式如下。

$$\Gamma_t^f=\sigma(w_f[a_{t-1},x_t]+b_f) \tag{11.15}$$

遗忘门的作用是决定从记忆细胞 c 中是否丢弃某些信息，这个过程可以通过一个 sigmoid 函数来进行处理。遗忘门在整个结构中的位置如图 11.6 红色部分所示。可以看出，遗忘门接受来自输入 x_t 和上一层隐状态 a_{t-1} 的值进行合并后再加权计算处理。

3. 记忆细胞候选值和更新门

更新门(Update Gate)表示需要将什么样的信息存入记忆细胞中。除计算更新门之外,还需要使用 tanh 计算记忆细胞的候选值 c_t' 。在 LSTM 中计算更新门需要更细心一点。记忆细胞候选值和更新门的计算公式如下。

$$\Gamma_t^u = \sigma(w_u[a_{t-1}, x_t] + b_u) \tag{11.16}$$

$$c_t' = \tanh(w_c[a_{t-1}, x_t] + b_c) \tag{11.17}$$

更新门和 tanh 在整个结构中的位置如图 11.7 红色部分所示。

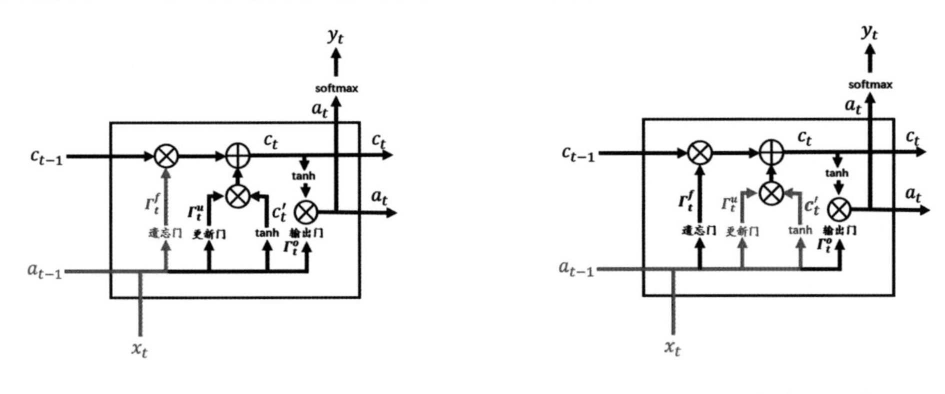

图 11.6　遗忘门　　　图 11.7　记忆细胞候选值和更新门

4. 记忆细胞更新

结合遗忘门 Γ_t^f 、更新门 Γ_t^u 、上一个单元记忆细胞值 c_{t-1} 和记忆细胞候选值 c_t' 来共同决定和更新当前细胞状态,即

$$c_t = \Gamma_t^f c_{t-1} + \Gamma_t^u c_t' \tag{11.18}$$

记忆细胞更新在整个结构中的位置如图 11.8 红色部分所示。

5. 输出门

LSTM 提供了单独的输出门(Output Gate),其计算公式如下。

$$\Gamma_t^o = \sigma(w_o[a_{t-1}, x_t] + b_o) \tag{11.19}$$

$$a_t = \Gamma_t^o \tanh(c_t) \tag{11.20}$$

输出门在整个结构中的位置如图 11.9 红色部分所示。

以上便是完整的 LSTM 结构。虽然复杂,但是经过逐步解析之后也就基本清晰了。LSTM 在自然语言处理、问答系统、股票预测等领域都有着广泛而深入的应用,在后续章节中也会陆续涉及基于 LSTM 的 NLP 最新进展。

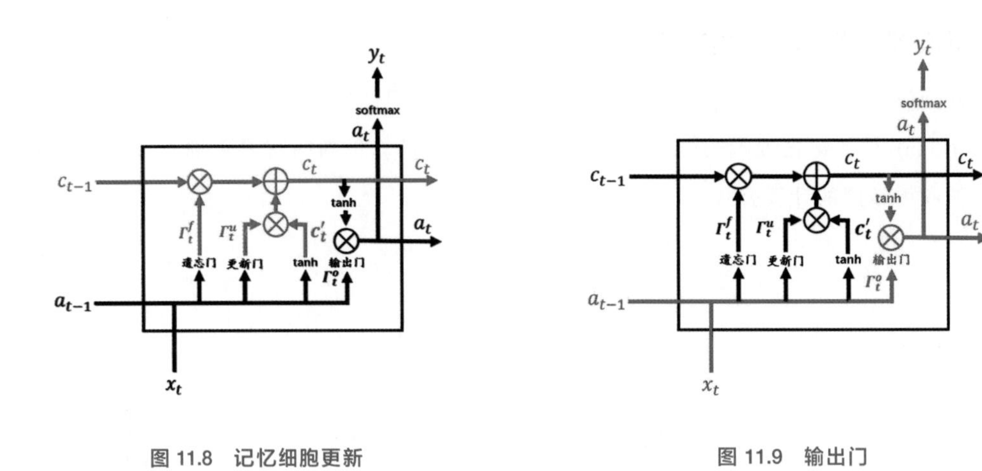

图 11.8　记忆细胞更新

图 11.9　输出门

本讲习题

尝试分别使用 Numpy 和 Keras 实现一个 LSTM 结构。

第 12 讲

自然语言处理与词向量

相较于 CNN 重点应用于计算机视觉领域，RNN 则更多地应用于自然语言处理（Natural Language Processing，NLP）方向。但在正式将 RNN 和 LSTM 等序列模型应用到 NLP 领域之前，需要重点了解一下词汇表征、语言模型和词向量等概念。

12.1 自然语言处理简介

之前讨论的DNN和CNN的各种分类、检测和分割神经网络，一直致力于如何让机器“看懂”图像，所以基于图像任务的领域也叫作计算机视觉。本节要讨论的问题是如何让计算机“听懂”人类语言，乍一看似乎有些难以置信，人类语言千变万化，一个机器能听懂我们说的话？虽说如此，但在实际生活中大家都已经不自觉地用到基于自然语言处理技术相关的产品和应用，例如，Siri的语音交互、阿里的天猫精灵智能音箱、谷歌翻译等，背后的实现技术基本上都是自然语言处理。

那究竟什么是NLP？一个相对完整的定义如下：NLP主要研究使用计算机来处理、理解及运用人类语言的各种理论和方法，属于人工智能的一个重要研究方向。正如“图像图形学＋深度学习”成就了新的计算机视觉一样，传统的“计算语言学＋深度学习”便成就了新的自然语言处理。随着互联网的快速发展，网络文本尤其是基于用户生成的文本也在爆炸性增长，传统的自然语言处理技术加上深度学习，这些都使得NLP有更广阔的应用空间。

NLP包括认知、理解、生成等部分。自然语言认知和理解是让计算机把输入的语言变成有意义的符号和关系，然后根据目的再进行处理。所以，简单来说，NLP就是如何让计算机理解人类语言。为了达到这样的目的，需要在理论上基于数学和统计建立各种语言模型，然后通过计算机来实现这些语言模型。因为人类语言具有多样性和复杂性，所以总体而言，NLP是一门极具挑战的学科。

整个NLP是一个庞大的技术体系，包含了很多研究方向和内容。NLP的研究方向主要包括机器翻译、信息检索、文档分类、问答系统、自动摘要、命名实体识别、文本挖掘、知识图谱、语音识别、语音合成等。可以说，NLP是一个非常庞杂的领域，学习和应用起来都颇有难度。其难度主要体现在语言场景、学习算法和语料这三个方面。语言场景的困难指的是人类语言的多样性、复杂性和歧义性；学习算法的困难指的是NLP的数理模型一般都较难懂，例如，隐马尔可夫模型（HMM）、条件随机场（CRF）及基于RNN的深度学习模型；语料的困难指的是如何获取高质量的训练语料。

虽然进行一项NLP任务很难，但是随着深度学习的发展，在基于大量的预训练模型基础上，也越来越容易构建起一个高效的自然语言模型。例如，近两年提出的BERT和XLNet等横扫各种记录的模型。所以，随着深度学习的发展，计算机也会更好地理解人类语言。

12.2 词汇表征

在介绍词嵌入和词向量等词汇表征方法之前，先来看一下将 NLP 作为有监督机器学习任务时该怎样进行描述。下面以一句话为例："I want a glass of orange____."。现在要通过这句话的其他单词来预测划横线部分的单词。这是一个典型的 NLP 问题，将其作为有监督机器学习来看的话，模型的输入是上下文单词，输出是划横线的目标单词，或者说是目标单词的概率，这里需要一个语言模型来构建关于输入和输出之间的映射关系。应用到深度学习上，这个模型就是神经网络。

在 NLP 中，最细粒度的表示就是词语，词语可以组成句子，句子再构成段落、篇章和文档。但是计算机并不认识这些词语，所以需要对以词汇为代表的自然语言进行数学上的表征。简单来说，就是要将词汇转化为计算机可识别的数值形式，这种转化和表征方式目前主要有两种，一种是传统机器学习中的 one-hot 编码方式，另一种则是基于神经网络的词嵌入技术。

先看词汇的 one-hot 编码方法。熟悉机器学习中分类变量处理方法的读者对此一定很熟悉，无序的分类变量是不能直接硬编码为数字放入模型中的，因为模型会自动认为其数值之间存在可比性，通常对于分类变量需要进行 one-hot 编码。那么如何应用 one-hot 编码进行词汇表征呢？假设有一个包含 10000 个单词的词汇表，现在需要用 one-hot 方法来对每个单词进行编码。以"I want a glass of orange____."为例，假设"I"在词汇表中排在第 3876 位，那么"I"这个单词的 one-hot 表示就是一个长度为 10000 的向量，这个向量在第 3876 的位置上为 1 ，其余位置为 0，其余单词同理，每个单词都是茫茫零海中的一个 1。图 12.1 所示是这句话简化的 one-hot 表示。

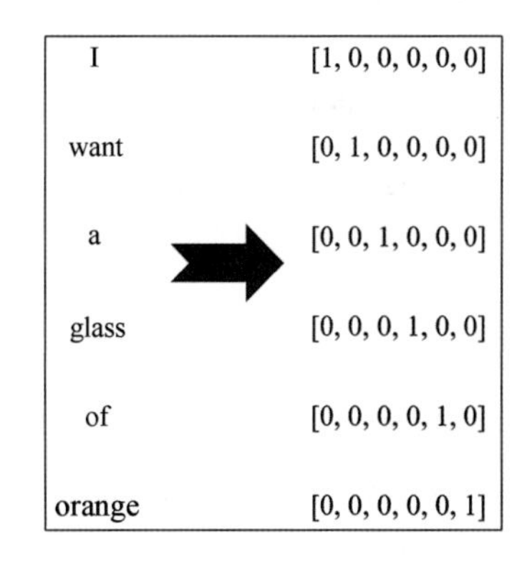

图 12.1 词汇的 one-hot 表示

可见，one-hot 词汇表征方法最后形成的结果是一种稀疏编码，在深度学习应用于 NLP 任务之前，这种表征方法在传统的 NLP 模型中已经取得了很好的效果。但是这种表征方法有两个缺陷：一是容易造成维数灾难，10000 个单词的词汇表不算多，但对于百万级、千万级的词汇表简直无法忍受；二是不能很好地获取词汇与词汇之间的相似性，例如，上述句子，如果我们已经学习到了"I want a glass of orange juice."，但如果换成了"I want a glass of apple____."，模型仍然不会猜出目标词是 juice。基于 one-hot 的表征方法使得算法并不知道 apple 和 orange 之间的相似性，这主要是因为任意两个向量之间的内积都为零，很难区分两个单词之间的差别和联系，所以有了第二种词汇表征方法。

第二种表征方法称为词嵌入(Word Embedding,WE)技术。词嵌入的基本思想就是将词汇表中的每个单词表示为一个普通向量,这个向量不像one-hot向量那样都是 0 或 1,也没有 one-hot 向量那样长,大概就是很普通的向量,如 [−0.91, 2, 1.8, −0.82, 0.65, …]。这样的一种词汇表征方式就像是将词汇嵌入到了一种数学空间里,所以叫作词嵌入。例如,著名的 word2vec 就是词嵌入技术的一种,图 12.2 所示是 one-hot 编码与词嵌入表征的对比。

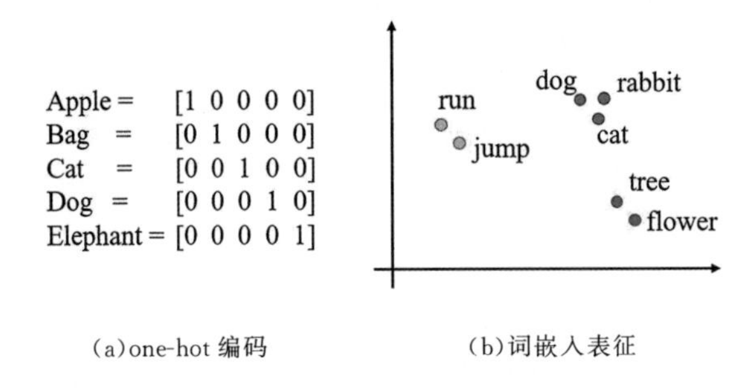

(a)one-hot 编码　　(b)词嵌入表征

图 12.2　one-hot 编码与词嵌入表征的对比

那么如何进行词嵌入?或者说如何才能将词汇表征成很普通的向量形式?这需要通过神经网络进行训练,训练得到的网络权重形成的向量就是我们最终需要的,这种向量也叫作词向量,word2vec 就是其中的典型技术。word2vec 作为现代 NLP 的核心思想和技术之一,有着非常广泛的影响。word2vec 有两种语言模型,一种是根据上下文来预测中间词的 CBOW(连续词袋模型),另一种是根据中间词来预测上下文的 Skip-gram(跳字模型)。

12.3　词向量与语言模型

词汇表征的直接结果便是词向量,除最简单的 one-hot 向量之外,要使用其他方法将词汇表示成一个有效的词向量都要费一些周折。无论是基于统计语言描述的方法还是基于神经网络等语言模型的方法,其基本思想都在于如何将词汇表示成与周围词汇存在关联的向量形式。本讲以基于统计语言描述的词向量生成方法——SVD 词向量为例来说明词向量,第 13 讲再详细介绍基于神经网络模型的 word2vec 词向量生成技术。

既然词向量的本质在于降维,那么就来回顾一下传统的数据降维技术,包括主成分分解(PCA)、奇异值分解(SDV)、t-分布领域嵌入算法(t-SNE)等。基于 SVD 分解的 SVD 词向量便是一种基于统计描述的词向量生成方法。

下面来看基于 SVD 生成词向量的范例。假设是由以下 3 个句子组成的语料库(该例子来自斯坦福大学“深度学习与自然语言处理”的课程:CS224d)。

A.I like deep learning.

B.I like NLP.

C.I enjoy flying.

首先来统计上述词汇的共现矩阵。所谓共现矩阵，是指在指定大小窗内词汇之间的共现次数，即以当前词周边共现词次数作为当前词的向量。上述词汇构成的共现矩阵如图 12.3 所示。

$\boldsymbol{X}$ =

	I	like	enjoy	deep	learning	NLP	flying	.
I	0	2	1	0	0	0	0	0
like	2	0	0	1	0	1	0	0
enjoy	1	0	0	0	0	0	1	0
deep	0	1	0	0	1	0	0	0
learning	0	0	0	1	0	0	0	1
NLP	0	1	0	0	0	0	0	1
flying	0	0	1	0	0	0	0	1
.	0	0	0	0	1	1	1	0

图 12.3　词汇构成的共现矩阵

对该共现矩阵进行 SVD 分解即可得到 SVD 词向量，分解过程如图 12.4 所示。

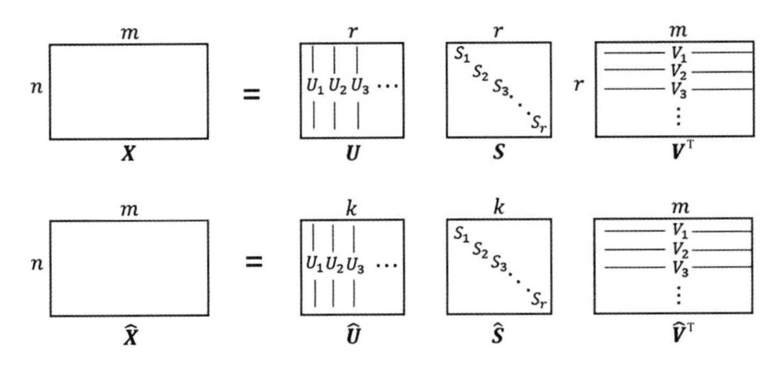

图 12.4　SVD 分解过程

具体实现如代码 12.1 所示。

代码 12.1　SVD 分解词向量

```
# 导入相关模块
import numpy as np
import matplotlib.pyplot as plt
# 语料单词
words = ["I", "like", "enjoy", "deep", "learning", "NLP", "flying", "."]
# 词共现矩阵
X = np.array([[0,2,1,0,0,0,0,0],
              [2,0,0,1,0,1,0,0],
              [1,0,0,0,0,0,1,0],
              [0,1,0,0,1,0,0,0],
              [0,0,0,1,0,0,0,1],
              [0,1,0,0,0,0,0,1],
              [0,0,1,0,0,0,0,1],
```

```
                  [0,0,0,0,1,1,1,0]])
    # SVD分解生成词向量
    U, s, Vh = np.linalg.svd(X, full_matrices=False)
    # 指定图像大小
    plt.figure(figsize=(10,6))
    # 将词向量映射到图中
    for i in range(len(words)):
        plt.text(U[i,0], U[i,1], words[i])
    # 坐标刻度范围
    plt.xlim(-1,1)
    plt.ylim(-1,1)
    plt.show();
```

上述代码中的U便是经过SVD分解后得到的词向量，对分解后的词向量进行可视化展示，可以看到经过SVD降维后，一些语义相近的词被聚到了一起，如图12.5所示。

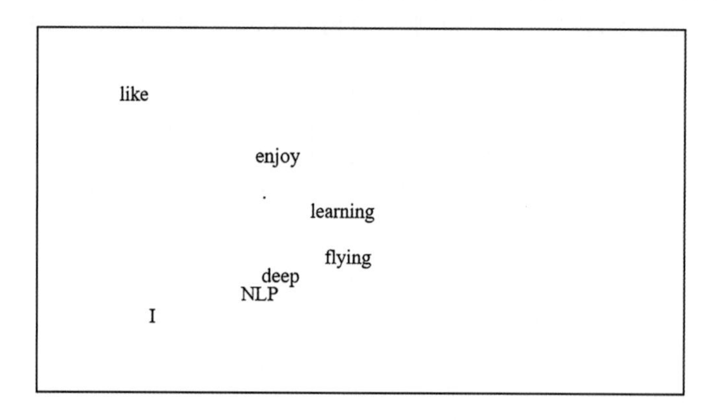

图 12.5 SVD 词向量效果

然后是基于语言模型的词向量生成方法。所谓语言模型，通俗来说就是把一些词语组成一句话来判断这句话是不是一句完整的话。语言模型是自然语言处理的核心概念之一。举个简单的例子，我们使用有道机器翻译，机器在将中文转换为英文的过程中会有若干的候选结果项，它会使用语言模型来挑选一个尽量靠谱的结果呈现给你，这便是语言模型的关键之处。

假设给定一个包含 T 个词语的字符串 s，这个 s 看起来是自然语言的概率，可表示为 $p(w_1,w_2,\cdots,w_T)$，其中 w_1 到 w_T 依次表示这句话中的各个词语。语言模型有个简单的概率推论，即

$$p(s)=p(w_1,w_2,\cdots,w_T)=p(w_1)p(w_2|w_1)p(w_3|w_1,w_2)\cdots p(w_t|w_1,w_2,\cdots,w_{T-1}) \tag{12.1}$$

式(12.1)的条件概率的含义是当一句话的第一个词确定之后，看后面的词在前面的词出现的情况下出现的概率。因此，式(12.1)可以写成更简洁的形式：

$$p(s)=p(w_1,w_2,\cdots,w_T)=\prod_{i=1}^{T}p(w_i|Context_i) \tag{12.2}$$

其中 $Context_i$ 表示上下文词。可以用式(12.2)解释任意的自然语言模型，根据对式(12.2)的不同解释，也产生了两种语言模型：一种是基于概率统计语言描述的语言模型，例如，著名的 N-Gram 和 N-Pos 模型；另一种则是利用函数来拟合上述概率模型，将语言模型当作是一种有监督学习模型来求解，因此式(12.2)又有了如下形式：

$$p(w_i|Context_i)=f(w_i,Context_i;\theta) \tag{12.3}$$

基于深度学习的自然语言处理便是求解式(12.3)的一种典型方法，例如，第 13 讲将要介绍的 word2vec 模型，也是一种基于神经网络的语言模型。

本讲习题

比较 one-hot 和 WE 两种词汇表征的优缺点。

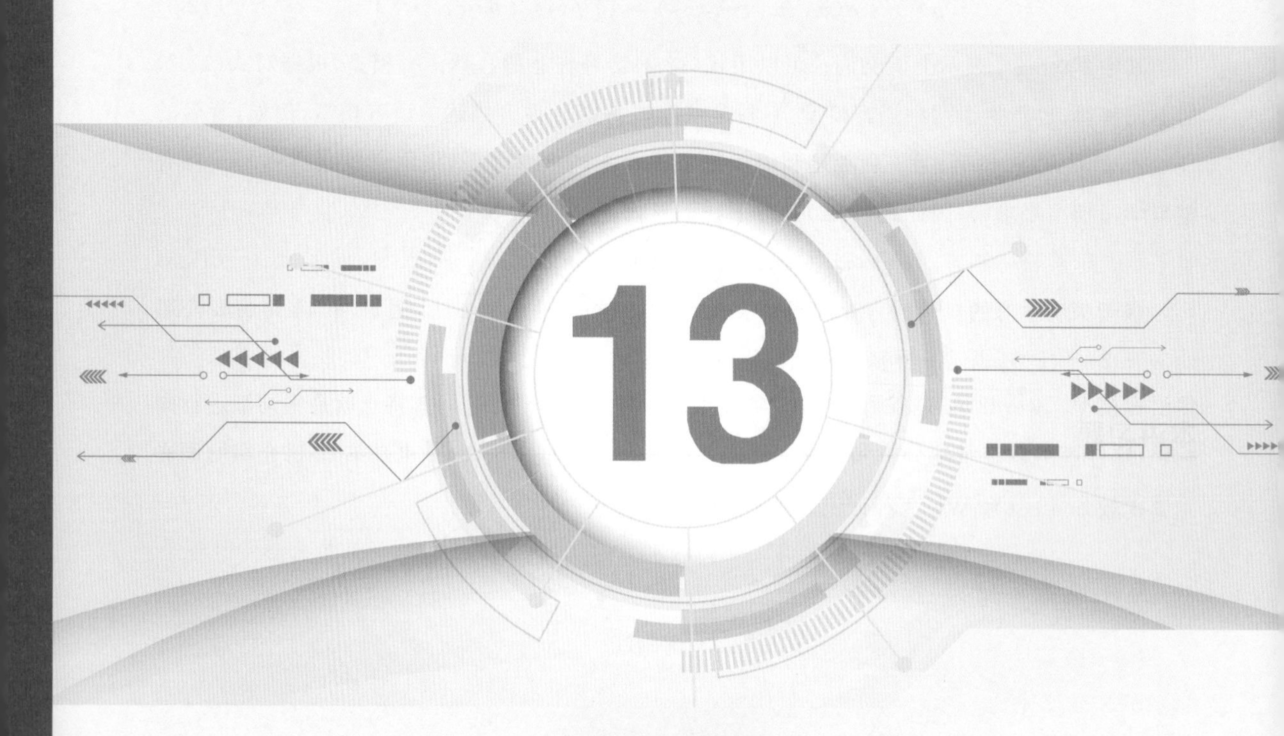

第 13 讲

word2vec 词向量

语言模型是自然语言处理的核心概念之一。 word2vec 是一种基于神经网络的语言模型，也是一种词汇表征方法。 word2vec 包括两种模型：CBOW（连续词袋模型）和 Skip-gram（跳字模型），但本质上都是一种词汇降维的操作。

13.1 word2vec

NLP 的语言模型可以看作是一个有监督学习问题：给定上下文词 X，输出中间词 Y，或者给定中间词 X，输出上下文词 Y。基于输入 X 和输出 Y 之间的映射便是语言模型。这样的一个语言模型的目的便是检查 X 和 Y 放在一起是否符合自然语言法则，通俗来说就是 X 和 Y 放在一起是不是一句完整的话。

所以，基于有监督学习的思想，本节的主角——word2vec 便是一种基于神经网络训练的自然语言模型。word2vec 是谷歌于 2013 年提出的一种 NLP 分析工具，其特点就是将词汇进行向量化，这样就可以定量地分析和挖掘词汇之间的联系。因此，word2vec 也是第 12 讲介绍的词嵌入表征的一种，只不过这种向量化表征需要经过神经网络训练得到。

word2vec 训练神经网络得到一个关于输入 X 和输出 Y 之间的语言模型，我们的关注重点并不是说要把这个模型训练得有多好，而是要获取训练好的神经网络权重，这个权重是用来对输入词汇 X 进行向量化表示。一旦得到训练语料所有词汇的词向量，那么接下来开展 NLP 研究工作就相对容易一些了。

word2vec 包括两种模型。一种是给定上下文词，需要预测中间目标词，这种模型叫作连续词袋模型（Continuous Bag-of-Words Model，CBOW）；另一种是给定一个词，然后根据这个词来预测它的上下文词，这种模型叫作 Skip-gram，也有种翻译称之为跳字模型。

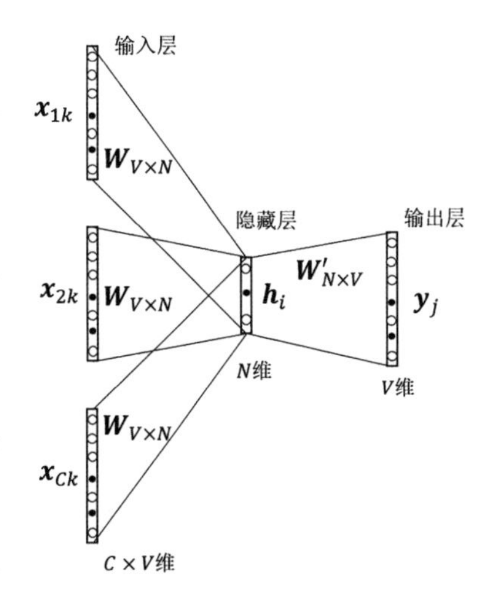

图 13.1　CBOW 模型的结构

CBOW 模型的应用场景是要根据上下文预测中间词，所以输入 X 为上下文词，当然原始的单词是无法作为输入的，这里的输入仍然是每个词汇的 one-hot 向量，输出 Y 为给定词汇表中每个词作为目标词的概率。CBOW 模型的结构如图 13.1 所示。

Skip-gram 模型的应用场景是要根据中间词预测上下文词，所以输入 X 为任意单词，输出 Y 为给定词汇表中每个词作为上下文词的概率。Skip-gram模型的结构如图 13.2 所示。

从 CBOW 和 Skip-gram 模型的结构图可以看出，二者除在输入、输出上有所不同之外，基本上没有太大区别。将 CBOW 的输入层换成输出层基本上就变成了 Skip-gram 模型，二者可以理解为一种互为翻转的关系。

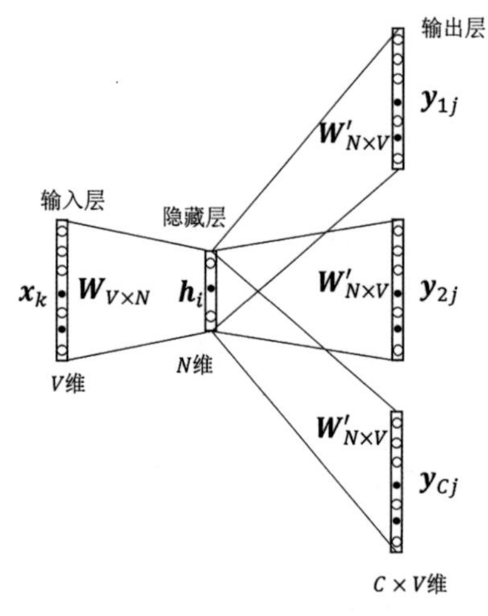

图 13.2 Skip-gram 模型的结构

从有监督学习的角度来说，word2vec 本质上是一个基于神经网络的多分类问题，当输出词语非常多时，则需要一些像分层 softmax（Hierarchical Softmax）和负采样（Negative Sampling）之类的技巧来加速训练。但从自然语言处理的角度来说，word2vec 关注的并不是神经网络模型本身，而是训练之后得到的词汇的向量化表征。这种表征使得最后的词向量维度要远远小于词汇表大小，所以 word2vec 从本质上来说是一种降维操作。把数以万计的词汇从高维空间中降维到低维空间中，对下游 NLP 任务大有裨益。

13.2 word2vec 的训练过程：以 CBOW 为例

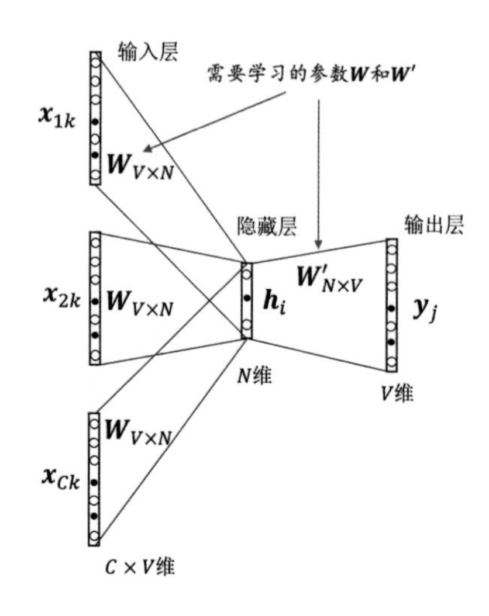

图 13.3 CBOW 的训练权重

因为 CBOW 和 Skip-gram 具有相似性，所以本节仅以 CBOW 模型为例说明 word2vec 是如何训练得到词向量的。图 13.3 标出了 CBOW 模型要训练的参数，很明显这里要训练得到输入层到隐藏层的权重及隐藏层到输出层的权重。

CBOW 模型训练的基本步骤如下。

（1）将上下文词进行 one-hot 表征作为模型的输入，其中词汇表的维度为 V，上下文单词数量为 C。

（2）将所有上下文词的 one-hot 向量分别乘共享的输入权重矩阵 $\boldsymbol{W}$。

（3）将第（2）步得到的各个向量相加取平均值作为隐藏层向量。

（4）将隐藏层向量乘共享的输出权重矩阵 $\boldsymbol{W}'$。

（5）对计算得到的向量做 softmax 激活处理得到 V 维的概率分布，取概率最大的索引作为预测的目标词。

下面用具体例子来说明。假设语料为 I learn NLP everyday，以 I learn everyday 作为上下文词，以 NLP 作为目标词。首先将上下文词和目标词都进行 one-hot 表征作为输入，如图 13.4 所示。

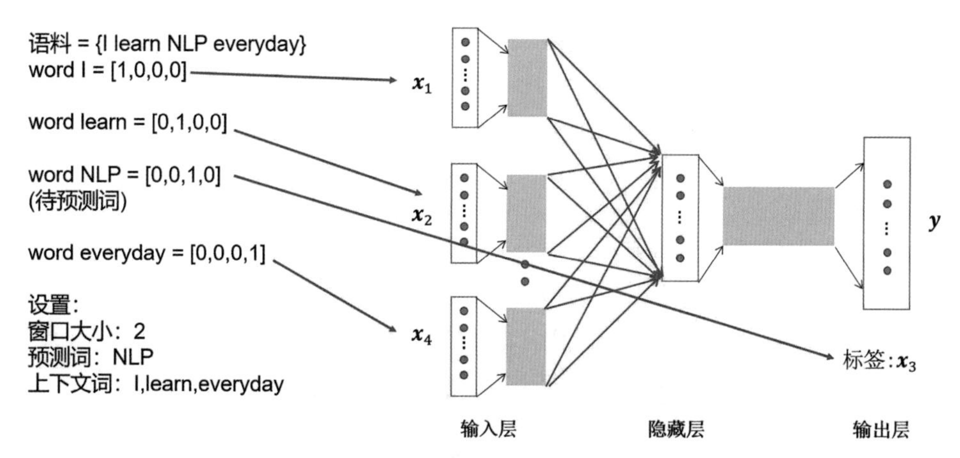

图 13.4　CBOW 训练过程 1：输入 one-hot 表征

然后将 one-hot 表征分别乘输入层权重矩阵 $\boldsymbol{W}$，这个矩阵也叫作嵌入矩阵，可以随机初始化生成，如图 13.5 所示。

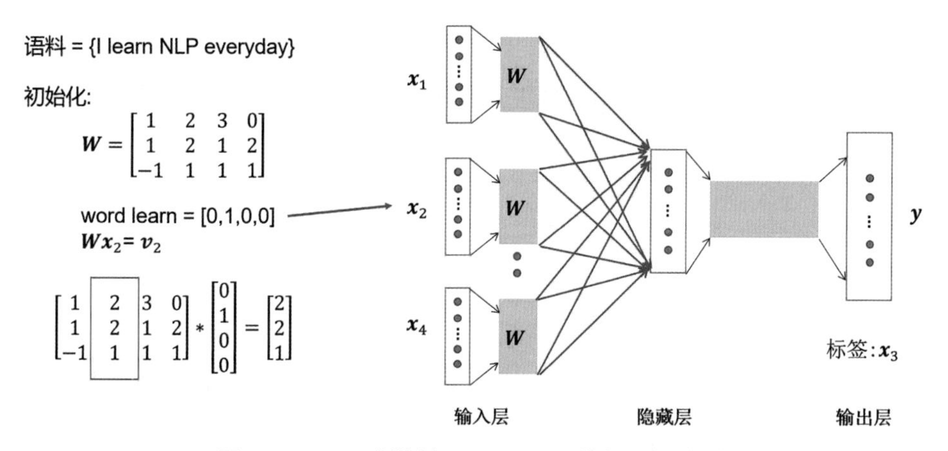

图 13.5　CBOW 训练过程 2：one-hot 输入乘嵌入矩阵

接着将得到的向量结果相加求平均值作为隐藏层向量，如图 13.6 所示。

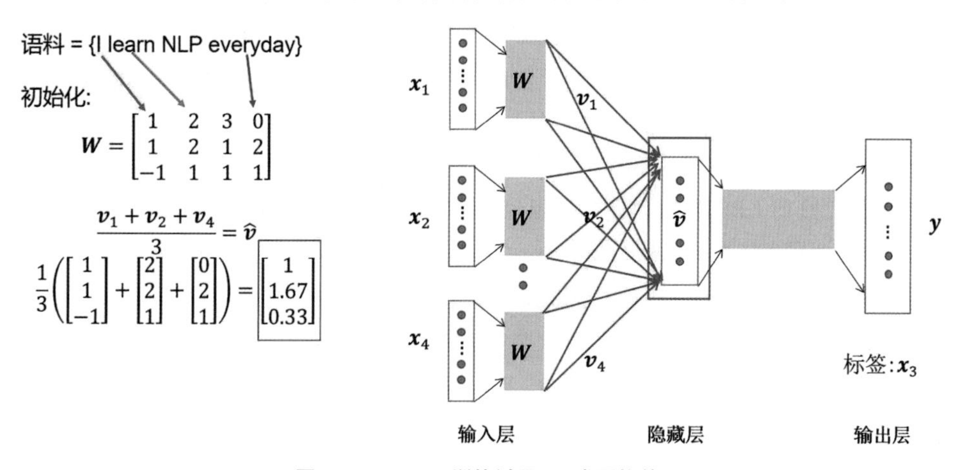

图 13.6　CBOW 训练过程 3：求平均值

之后将隐藏层向量乘输出层权重矩阵，这个矩阵也是嵌入矩阵，可以初始化得到。得到输出向量，如图 13.7 所示。

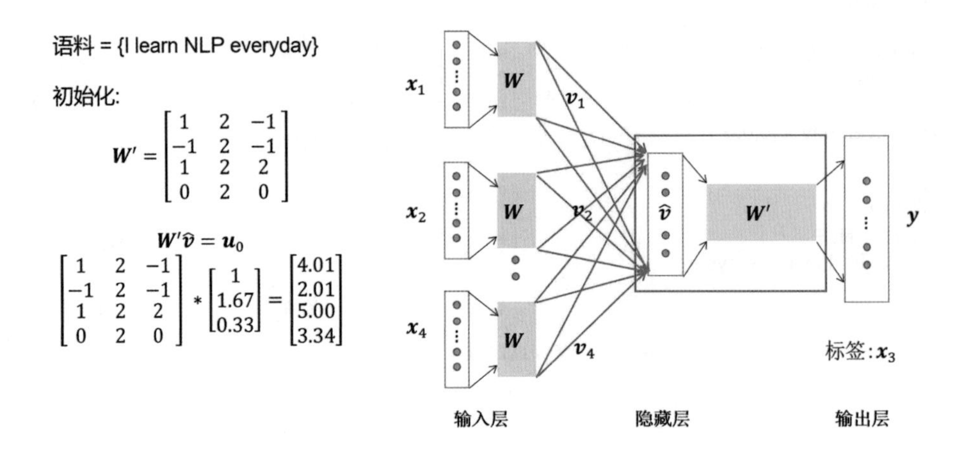

图 13.7　CBOW 训练过程 4：隐藏层向量乘嵌入矩阵

最后对输出向量做 softmax 激活处理得到实际输出，并将其与真实标签做比较，再基于损失函数做梯度优化训练。

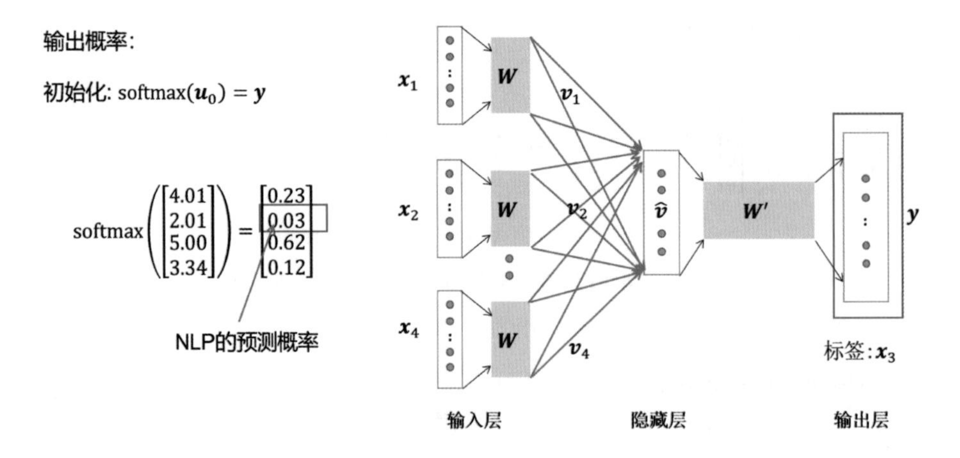

图 13.8　CBOW 训练过程 5：softmax 激活输出

以上便是完整的 CBOW 模型计算过程，也是 word2vec 将词汇训练为词向量的基本方法之一。无论是 CBOW 模型还是 Skip-gram 模型，word2vec 一般而言都能提供较高质量的词向量表达，图 13.9 所示是将 50000 个单词训练得到的 128 维的 Skip-gram 词向量压缩到二维空间中的可视化展示。

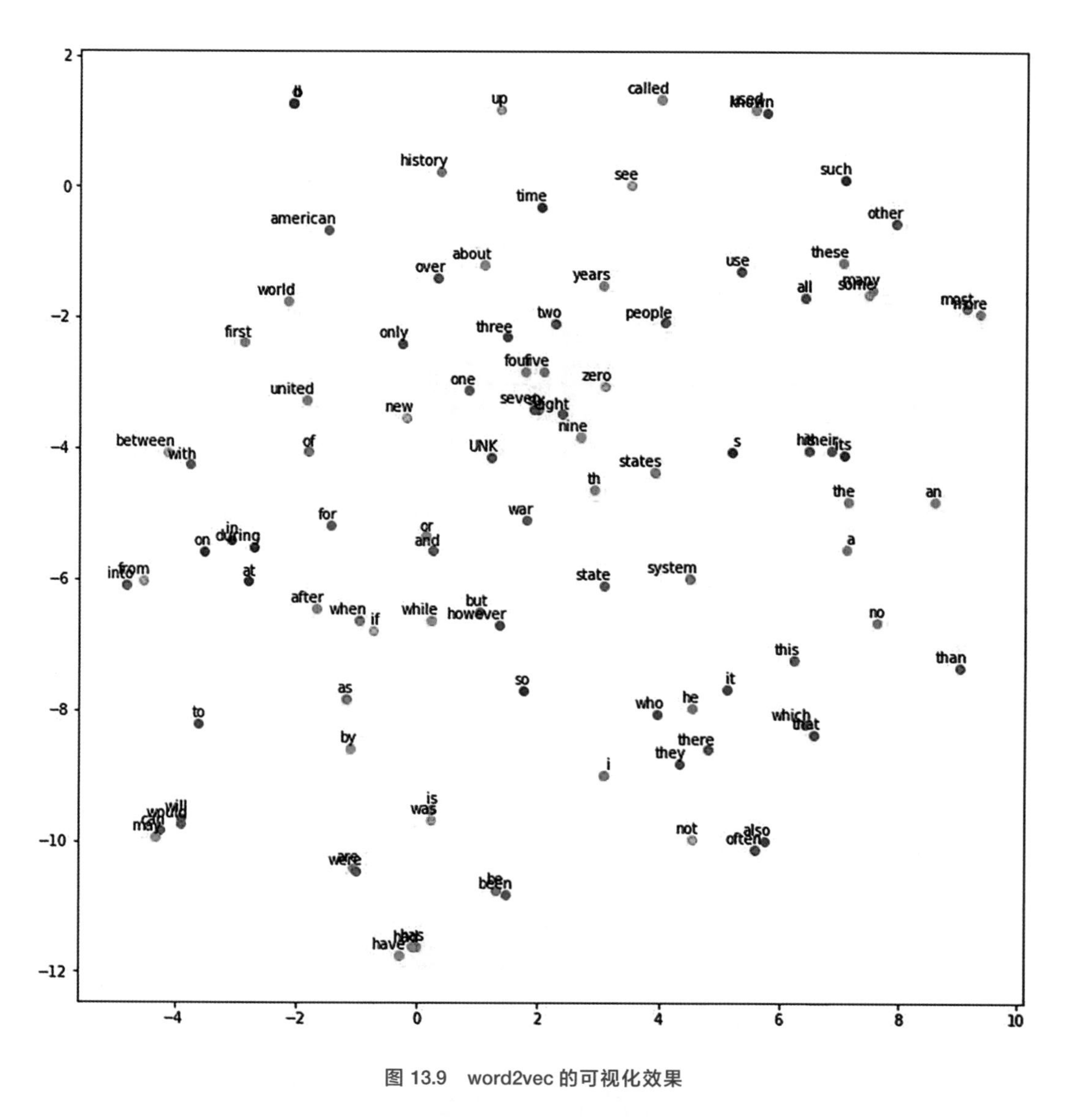

图 13.9 word2vec 的可视化效果

可以看到，意思相近的词基本上被聚到了一起，也证明了 word2vec 是一种可靠的词向量表征方式。

本讲习题

根据本讲对 CBOW 的分析流程，尝试用同样的分析流程对 Skip-gram 模型进行分析。

第 14 讲

seq2seq 与注意力模型

作为一种输入、输出不等长的多对多模型，seq2seq 一直都有广泛的应用场景。注意力（Attention）模型则是一种模拟人类注意力直觉的机制。seq2seq 模型搭配注意力机制会使得模型取得更好的效果。

14.1 seq2seq 的简单介绍

所谓 seq2seq 模型，翻译过来就是序列对序列的模型，在前面介绍 RNN 结构类型的内容中我们已经了解到了 seq2seq 本质上就是一种多对多(N VS M)RNN 模型，即输入序列和输出序列不等长的 RNN 模型。也正是因为 seq2seq 的这个特性，使得其有着广泛的应用场景，例如，神经机器翻译、文本摘要、语音识别、文本生成、机器创作等。

下面先来回顾一下第 10 讲的内容，seq2seq 由一个编码器(Encoder)和一个解码器(Decoder)构成，编码器先将输入序列转化为一个上下文向量 $\boldsymbol{C}$，然后再用一个解码器将上下文向量 $\boldsymbol{C}$ 转化为最终输出。seq2seq 模型如图 14.1 所示。

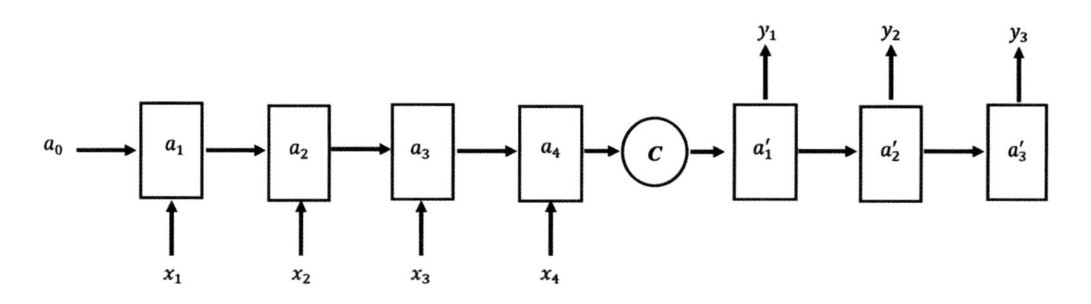

图 14.1 seq2seq 模型

14.2 注意力模型

seq2seq 模型虽然强大，但如果仅仅是单一使用，那么效果会打一些折扣。注意力模型就是基于编码-解码框架下的一种模拟人类注意力直觉的一种模型。人脑的注意力机制本质上是一种注意力资源分配的模型。例如，在阅读一篇论文时，在某个特定时刻我们的注意力肯定只会在某一行的文字描述，而在看到一张图片时，我们的注意力肯定会聚焦于某一局部。随着目光移动，我们的注意力肯定又聚焦到另外一行文字，另外一个图像局部上。所以，对于一篇论文、一张图片，在任意一时刻我们的注意力分布是不一样的。这便是著名的注意力机制模型的由来。早在计算机视觉目标检测的相关内容介绍时，就提到过注意力机制的思想，目标检测中的 Fast RCNN 利用 RoI(兴趣区域)来更好地执行检测任务，其中 RoI 便是注意力模型在计算机视觉中的应用。

注意力模型的使用更多的是在自然语言处理领域，在机器翻译等序列模型应用上有着更为广泛的应用。在自然语言处理中，注意力模型通常是应用在经典的编码-解码(Encoder-Decoder)

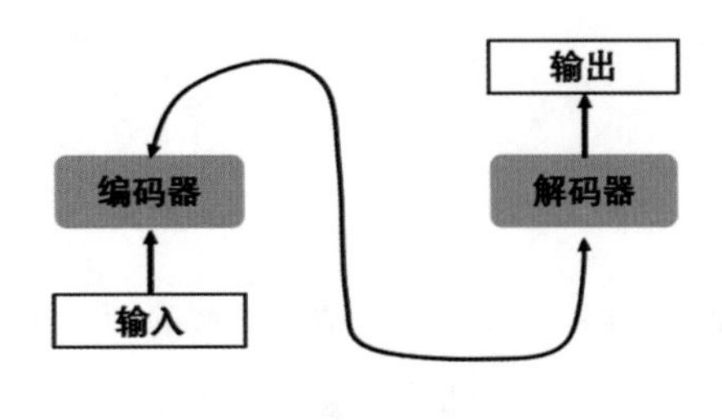

图 14.2 编码-解码框架

框架下的，seq2seq 模型正是一种典型的编码-解码框架。编码-解码框架如图 14.2 所示。

编码-解码作为一种通用框架，在具体的自然语言处理任务上还不够精细化。换句话说，单纯的编码-解码框架并不能有效地聚焦到输入目标上，这使得像 seq2seq 的模型在独自使用时并不能发挥其最大功效。例如，在图 14.2 中，编码器将输入编码成上下文向量 $\boldsymbol{C}$，在解码时每一个输出 Y 都会不加区分地使用这个 $\boldsymbol{C}$ 进行解码。而注意力模型要做的事就是根据序列的每个时间步将编码器编码为不同的 $\boldsymbol{C}$，在解码时，结合每个不同的 $\boldsymbol{C}$ 进行解码输出，这样得到的结果会更加准确。

统一编码为 $\boldsymbol{C}$，即

$$\boldsymbol{C}=F(x_1,x_2,\cdots,x_m) \tag{14.1}$$

使用统一的 $\boldsymbol{C}$ 进行解码，即

$$\begin{aligned} y_1&=f(\boldsymbol{C}) \\ y_2&=f(\boldsymbol{C},y_1) \\ y_3&=f(\boldsymbol{C},y_1,y_2) \\ &\cdots \end{aligned} \tag{14.2}$$

在应用了注意力模型之后，每个输入会被独立编码，解码时就会有各自对应的 $\boldsymbol{C}$ 进行解码，而不是简单的一刀切，即

$$\begin{aligned} y_1&=f(C_1) \\ y_2&=f(C_2,y_1) \\ y_3&=f(C_3,y_1,y_2) \\ &\cdots \end{aligned} \tag{14.3}$$

相应地，已有的编码-解码框架在引入了注意力机制后就变成了如图 14.3 所示的结构。

图 14.3 所示是带有注意力机制的 seq2seq 模型，下面来看如何用公式对该模型进行表述，注意力机制的公式描述如下。

$$e_i=a(\boldsymbol{u},\boldsymbol{v}_i) \tag{14.4}$$

$$\alpha_i=\frac{e_i}{\sum_i e_i} \tag{14.5}$$

$$\boldsymbol{C}=\sum_i \alpha_i \boldsymbol{v}_i \tag{14.6}$$

注意力模型通常由以上 3 个公式来描述：(1)计算注意力得分；(2)进行标准化处理；(3)结合注意力得分和隐状态值计算上下文状态 $\boldsymbol{C}$。其中 $\boldsymbol{u}$ 为解码中某一时间步的状态值，也就是匹

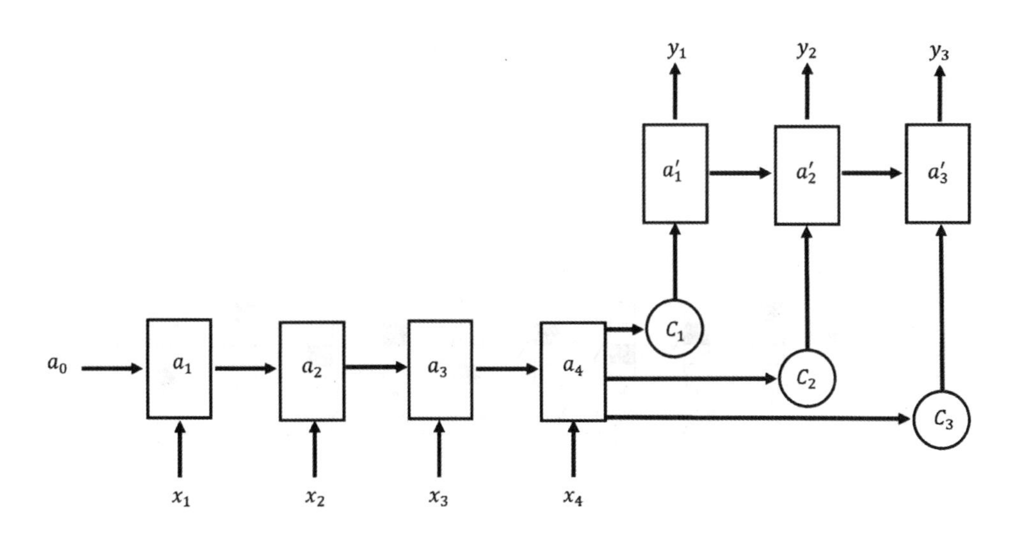

图 14.3　带有注意力机制的 seq2seq 模型

配当前任务的特征向量，$\boldsymbol{v}_i$ 是编码中第 i 个时间步的状态值，a 为计算 $\boldsymbol{u}$ 和 $\boldsymbol{v}_i$ 的函数。函数 a 可以有各种形式，具体如表 14.1 所示。

表 14.1　注意力得分计算函数形式

类型	具体形式
乘积函数	$\boldsymbol{u}^{\mathrm{T}}w\boldsymbol{v}$ ，$\boldsymbol{u}^{\mathrm{T}}\boldsymbol{v}$
加性函数	$\boldsymbol{w}_2^{\mathrm{T}}\tanh(w_1[\boldsymbol{u};\boldsymbol{v}])$
多层感知机函数	$\sigma(\boldsymbol{w}_2^{\mathrm{T}}\tanh(w_1[\boldsymbol{u};\boldsymbol{v}]+\boldsymbol{b}_1)+b_2)$

下面用一个机器翻译例子来说明注意力得分的计算。假设图 14.4 所示是某个机器翻译例子的一个局部注意力得分计算过程。

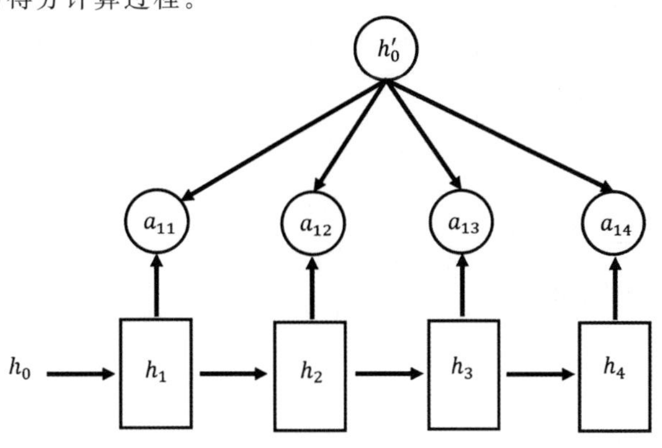

图 14.4　局部注意力得分计算过程

其中注意力得分由编码中的隐状态 h 和解码中的隐状态 h' 计算得到。所以，每一个上下文向量 $\boldsymbol{C}$ 会自动选取与当前所输出的 y 最合适的上下文信息。具体来说，用 a_{ij} 衡量 Encoder 中第 j 阶段的 $\boldsymbol{h}_j$ 和解码时第 i 阶段的相关性，最终 Decoder 中第 i 阶段输入的上下文信息 $\boldsymbol{C}_i$ 就来自所有 $\boldsymbol{h}_j$ 对 a_{ij} 的加权和。

图 14.5 所示是一段汉译英的机器翻译注意力模型图解示意图。

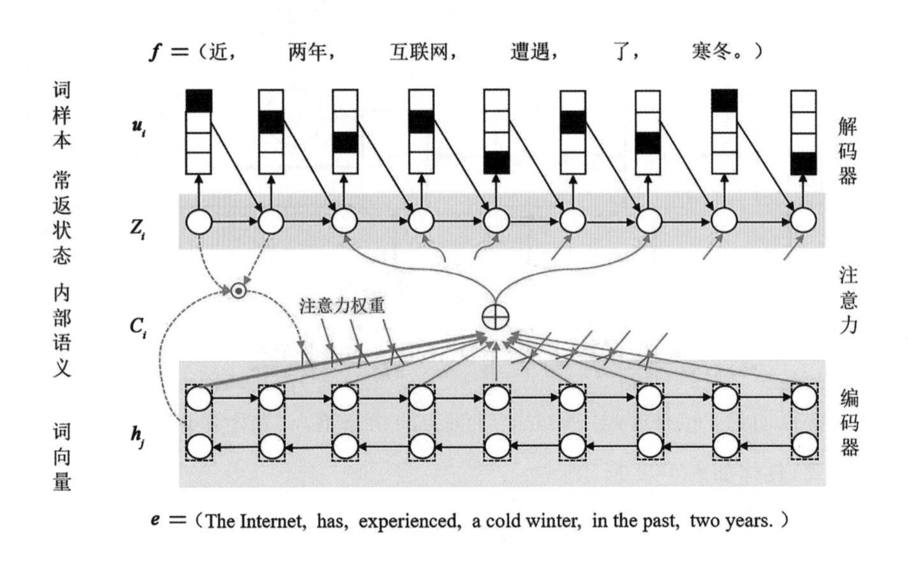

图 14.5 机器翻译注意力模型图解

14.3 基于 seq2seq 和 Attention 机制的机器翻译实践

```
['48 min before 10 a.m', '09:12']
['t11:36', '11:36']
["nine o'clock forty six p.m", '21:46']
['2:59p.m.', '14:59']
['23 min after 20 p.m.', '20:23']
['46 min after seven p.m.', '19:46']
['10 before nine pm', '20:50']
['3.20', '03:20']
['7.57', '07:57']
['six hours and fifty five am', '06:55']
```

图 14.6 输入和输出的格式示例

假设要根据英文表述的时间文本使用带有注意力机制的 RNN 模型将其翻译成数字时间①。输入和输出的格式示例如图 14.6 所示，以第一条记录为例说明：列表第一个元素是人为时间表达方式，第二个元素是机器时间表达方式，我们的目标是使用 seq2seq 和 Attention 机制来将人为时间表达方式翻译成机器时间表达方式。

此外，还需要准备好人类语言词汇和机器语言词汇这两种语料。两种词汇语料如图 14.7 所示，数据储存格式为.json。

① 该数据例子来自于 https://muffintech.org。

```
[{" ": 0, "'": 1, ".": 2, "0": 3, "1": 4, "2": 5, "3": 6, "4": 7, "5": 8, "6": 9,
  "7": 10, "8": 11, "9": 12, ":": 13, "a": 14, "b": 15, "c": 16, "d": 17, "e": 18,
  "f": 19, "g": 20, "h": 21, "i": 22, "k": 23, "l": 24, "m": 25, "n": 26, "o": 27,
  "p": 28, "q": 29, "r": 30, "s": 31, "t": 32, "u": 33, "v": 34, "w": 35, "x": 36,
  "y": 37, "z": 38, "<unk>": 39, "<pad>": 40}, {"0": 0, "1": 1, "2": 2, "3": 3, "4":
  4, "5": 5, "6": 6, "7": 7, "8": 8, "9": 9, ":": 10}]
```

图 14.7 两种词汇语料

1. 读取数据

分别读取待翻译文本和两种词汇语料,读取数据如代码 14.1 所示。

代码 14.1 读取数据

```
# 导入 json 模块
import json
with open('data/Time Dataset.json','r') as f:
    dataset = json.loads(f.read())
with open('data/Time Vocabs.json','r') as f:
    human_voc, machine_voc = json.loads(f.read())
# 人类语言词汇和机器语言词汇的长度
human_voc_size = len(human_voc)
machine_voc_size = len(machine_voc)
# 训练样本数
m = len(dataset)
# 查看数据量和两个语料长度
print(m, human_voc_size, machine_voc_size)
```

输出结果如下。

```
10000 41 11
```

由此可知,训练样本量为 10000;人类语言词汇语料长度为 41;机器词汇都是数字,长度为 11。

2. 数据预处理

读取获得的原始文本数据无法直接用于建模,还需要进行一些标记化等预处理将其进行转化。在实际处理时,可先定义一些小的处理方法,然后再集成到大的预处理函数中去。首先分别定义数据标记化方法和二维数组 one-hot 方法,如代码 14.2 所示。

代码 14.2 tokenize 和 one_hot_2d 方法

```
# 导入 Numpy 模块
import numpy as np
# 定义词汇标记化方法
```

```
def tokenize(sentence, voc, length):
    """
    输入:
    sentence - 一组序列标记
    voc - 标记到 id 的映射字典
    length - 标记最大长度
    输出:
    tokens - 标记 id
    """
    tokens = [0] * length
    for i in range(length):
        char = sentence[i] if i < len(sentence) else "<pad>"
        char = char if (char in voc) else "<unk>"
        tokens[i] = vocab[char]
    return tokens
# 定义二维数组的 one-hot 表示方法
def one_hot_2d(dense, max_value):
    # 初始化
    oh = np.zeros(np.append(dense.shape, [max_value]))
    # meshgrid 设置索引
    ids1, ids2 = np.meshgrid(np.arange(dense.shape[0]), np.arange(dense.shape[1]))
    oh[ids1.flatten(), ids2.flatten(), dense.flatten('F').astype(int)] = 1
    return oh
```

然后将上述两个方法都封装到数据预处理过程中,定义数据预处理方法如代码 14.3 所示。

代码 14.3　数据预处理方法

```
def preprocess_data(dataset, human_voc, machine_voc, Tx, Ty):
    """
    输入:
    dataset - 原始输入、输出数据
    human_voc - 人类词汇字典
    machine_voc - 机器词汇字典
    Tx - 输入序列长度
    Ty - 输出序列长度
    输出:
    X - 输入的稀疏标记
    Y - 输出的稀疏标记
    Xoh - 输入的 one_hot 表示
    Yoh - 输出的 one_hot 表示
    """
    # 序列长度
    m = len(dataset)
    # 初始化
    X = np.zeros([m, Tx], dtype='int32')
```

```
    Y = np.zeros([m, Ty], dtype='int32')
    # 标记化处理
    for i in range(m):
        data = dataset[i]
        X[i] = np.array(tokenize(data[0], human_voc, Tx))
        Y[i] = np.array(tokenize(data[1], machine_voc, Ty))
    # 二维数组 one-hot
    Xoh = one_hot_2d(X, len(human_vocab))
    Yoh = one_hot_2d(Y, len(machine_vocab))
    return (X, Y, Xoh, Yoh)
```

之后进行预处理并划分数据集，如代码 14.4 所示。

代码 **14.4** 数据预处理和数据集划分

```
# 输入序列长度
Tx = 41
# 输出序列长度
Ty = 5
X, Y, Xoh, Yoh = preprocess_data(dataset, human_vocab, machine_vocab, Tx, Ty)
# 划分训练集和测试集
train_size = int(0.8 * m)
Xoh_train = Xoh[:train_size]
Yoh_train = Yoh[:train_size]
Xoh_test = Xoh[train_size:]
Yoh_test = Yoh[train_size:]
```

最后查看数据预处理前后的数据样例，如代码 14.5 所示。

代码 **14.5** 数据样例输出

```
i = 1
print('input data point' + str(i) + '.')
print('')
print('The data input is: ' + str(dataset[i][0]))
print('The data output is: ' + str(dataset[i][1]))
print('')
print('The tokenized input is: ' + str(X[i]))
print('The tokenized output is: ' + str(Y[i]))
print('')
print('The one-hot input is: ' + Xoh[i])
print('The one-hot output is: ' + Yoh(Y[i])
```

数据预处理输出结果如图 14.8 所示。

```
Input data point 1.

The data input is: 48 min before 10 a.m
The data output is: 09:12

The tokenized input is:[ 7 11  0 25 22 26  0 15 18 19 27 30 18  0  4  3  0 14  2 25 40 40 40 40
 40 40 40 40 40 40 40 40 40 40 40 40 40 40 40 40 40]
The tokenized output is: [ 0  9 10  1  2]

The one-hot input is: [[0. 0. 0. ... 0. 0. 0.]
 [0. 0. 0. ... 0. 0. 0.]
 [1. 0. 0. ... 0. 0. 0.]
 ...
 [0. 0. 0. ... 0. 0. 1.]
 [0. 0. 0. ... 0. 0. 1.]
 [0. 0. 0. ... 0. 0. 1.]]
The one-hot output is: [[1. 0. 0. 0. 0. 0. 0. 0. 0. 0. 0.]
 [0. 0. 0. 0. 0. 0. 0. 0. 0. 1. 0.]
 [0. 0. 0. 0. 0. 0. 0. 0. 0. 0. 1.]
 [0. 1. 0. 0. 0. 0. 0. 0. 0. 0. 0.]
 [0. 0. 1. 0. 0. 0. 0. 0. 0. 0. 0.]]
```

图 14.8　数据预处理输出结果

3. 搭建机器翻译模型

数据准备好即可开始建模，本例中注意力得分和上下文向量的计算公式如下。

$$attention = \mathrm{softmax}(Dense(Dense(x, y_{t-1}))) \tag{14.7}$$

$$context = \sum_{i=1}^{m}(attention_i * x_i) \tag{14.8}$$

首先定义一个时间步的注意力机制，如代码 14.6 所示。

代码 14.6　定义一个时间步的注意力机制

```
# 导入相关模块
from keras.layers import Concatenate, Activation
from keras.layers import RepeatVector, Dense, Dot
import keras.backend as K
# 定义 softmax 方法
def softmax(x):
    return K.softmax(x, axis=1)
# 张量复制层
at_repeat = RepeatVector(Tx)
# 张量拼接层
at_concatenate = Concatenate(axis=-1)
# 使用 tanh 的全连接层
at_dense1 = Dense(8, activation="tanh")
# 使用 ReLU 的全连接层
at_dense2 = Dense(1, activation="relu")
# softmax 激活层
at_softmax = Activation(softmax, name='attention_weights')
# 点乘层
at_dot = Dot(axes=1)
```

```
# 基于以上层定义一个时间步的 attention
def one_step_of_attention(h_prev, a):
    """
    输入:
    h_prev - 上一个 RNN 层的隐状态,大小为(m, n_h)
    a - 经过预处理后的输入数据(m, Tx, n_a)
    输出:
    context - 当前上下文,大小为(m, Tx, n_a)
    """
    h_repeat = at_repeat(h_prev)
    # 计算注意力权重
    i = at_concatenate([a, h_repeat])
    i = at_dense1(i)
    i = at_dense2(i)
    attention = at_softmax(i)
    # 计算上下文
    context = at_dot([attention, a])
    return context
```

然后根据一个时间步的注意力机制构建注意力网络层,如代码 14.7 所示。

代码 14.7　定义注意力网络层

```
# 导入相关模块
from keras.layers import Lambda, LSTM, Dense
import keras.backend as K
# 定义注意力网络层
def attention_layer(X, n_h, Ty):
    """
    输入:
    X - 输入层,大小为(m, Tx, x_voc_size)
    n_h - LSTM 隐藏层大小
    Ty - 输出序列的时间步
    输出:
    output - 注意力网络层输出,大小为(m, Tx, n_h)
    """
    # 定义默认状态下的 LSTM 层
    h = Lambda(lambda X: K.zeros(shape=(K.shape(X)[0], n_h)))(X)
    c = Lambda(lambda X: K.zeros(shape=(K.shape(X)[0], n_h)))(X)
    at_LSTM = LSTM(n_h, return_state=True)
    output = []
    # 对每一个输出时间步执行注意力和 LSTM
    for _ in range(Ty):
        context = one_step_of_attention(h, X)
        h, _, c = at_LSTM(context, initial_state=[h, c])
        output.append(h)
```

```
    return output
```

本例使用双向 LSTM 模型(BiLSTM)作为 seq2seq 框架的编解码模型,搭配定义好的注意力机制即可构建本例的模型。完整模型构建如代码 14.8 所示。

代码 14.8　构建模型

```
# 导入相关模块
from keras.layers import Bidirectional, Input
from keras.models import Model
# 搭建带有注意力机制的双向 LSTM 模型
layer3 = Dense(machine_voc_size, activation=softmax)
def get_model(Tx, Ty, layer1_size, layer2_size, x_voc_size, y_voc_size):
    """
    输入:
    Tx - 输入序列时间步
    Ty - 输出序列时间步
    size_layer1 - 双向 LSTM 神经元个数
    size_layer2 - 注意力 LSTM 隐藏层神经元个数
    x_voc_size - 输入序列标记大小
    y_voc_size - 输出序列标记大小
    输出:
    model - keras 模型
    """
    # 逐层搭建
    X = Input(shape=(Tx, x_voc_size))
    a1 = Bidirectional(LSTM(layer1_size, return_sequences=True),
        merge_mode='concat')(X)
    a2 = attention_layer(a1, layer2_size, Ty)
    a3 = [layer3(timestep) for timestep in a2]
    # 建立模型
    model = Model(inputs=[X], outputs=a3)
    return model
```

最后传入数据,编译模型并进行训练,如代码 14.9 所示。

代码 14.9　执行训练

```
# 导入优化器模块
from keras.optimizers import Adam
# 指定相关层神经元个数
layer1_size = 32
# 注意力层大小
layer2_size = 64
# 创建模型
model = get_model(Tx, Ty, layer1_size, layer2_size, human_voc_size, machine_voc_size)
# 定义优化器
```

```
opt = Adam(lr=0.05, decay=0.04, clipnorm=1.0)
model.compile(optimizer=opt, loss='categorical_crossentropy', metrics=['accuracy'])
# 按时间步对输出分组
outputs_train = list(Yoh_train.swapaxes(0, 1))
# 执行训练
model.fit([Xoh_train], outputs_train, epochs=30, batch_size=100)
```

部分训练过程示例如图 14.9 所示。

```
Epoch 1/30
8000/8000 [==============================] - 14s 2ms/step - loss: 7.7377 - dense_3_loss:
3_acc_1: 0.1704 - dense_3_acc_2: 0.9750 - dense_3_acc_3: 0.2202 - dense_3_acc_4: 0.1380
Epoch 2/30
8000/8000 [==============================] - 7s 895us/step - loss: 4.8231 - dense_3_loss:
_3_acc_1: 0.5120 - dense_3_acc_2: 1.0000 - dense_3_acc_3: 0.5302 - dense_3_acc_4: 0.4437
Epoch 3/30
8000/8000 [==============================] - 7s 909us/step - loss: 2.4764 - dense_3_loss:
_3_acc_1: 0.7926 - dense_3_acc_2: 0.9999 - dense_3_acc_3: 0.7444 - dense_3_acc_4: 0.7509
Epoch 4/30
8000/8000 [==============================] - 7s 901us/step - loss: 1.1460 - dense_3_loss:
_3_acc_1: 0.9253 - dense_3_acc_2: 1.0000 - dense_3_acc_3: 0.8435 - dense_3_acc_4: 0.9221
Epoch 5/30
8000/8000 [==============================] - 7s 912us/step - loss: 0.5893 - dense_3_loss:
_3_acc_1: 0.9685 - dense_3_acc_2: 1.0000 - dense_3_acc_3: 0.9100 - dense_3_acc_4: 0.9819
Epoch 6/30
```

图 14.9 部分训练过程示例

模型的简易结构如图 14.10 所示。

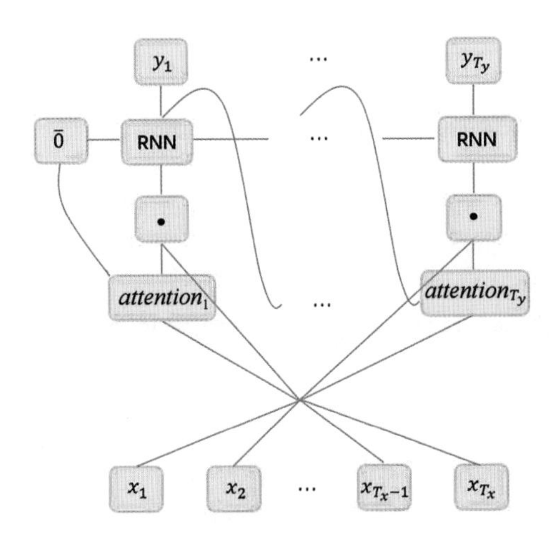

图 14.10 模型的简易结构

4. 模型评估

训练完之后可以基于训练模型对测试集进行评估，如代码 14.10 所示。

代码 14.10 测试集评估

```
# 评估测试集表现
outputs_test = list(Yoh_test.swapaxes(0, 1))
score = model.evaluate(Xoh_test, outputs_test)
print('Test loss: ', score[0])
```

输出结果如下。

```
2000/2000 [==================================] - 2s 856us/step
Test loss:  0.08820415516197681
```

可以看到,模型在测试集上的损失已经降到一个非常低的水平了。

然后尝试用一个实例来验证模型效果,如代码 14.11 所示。

代码 14.11 实例验证

```
# 导入 random 模块
import random as random
# 将 id 映射为关键字
def ids_to_keys(sentence, voc):
    return [list(voc.keys())[id] for id in sentence]
# 取随机数
i = random.randint(0, m)
# 定义模型预测方法
def get_prediction(model, x):
    # 获取模型预测结果
    prediction = model.predict(x)
    # 选取最大概率索引
    max_prediction = [y.argmax() for y in prediction]
    # 转化为真实结果
    str_prediction = "".join(ids_to_keys(max_prediction, machine_voc))
    return (max_prediction, str_prediction)
# 获取实例预测结果
max_prediction, str_prediction = get_prediction(model, Xoh[i:i+1])
# 输出相关结果
print("Input: " + str(dataset[i][0]))
print("Tokenized: " + str(X[i]))
print("Prediction: " + str(max_prediction))
print("Prediction text: " + str(str_prediction))
```

输出结果如下。

```
Input: four o'clock twenty seven after noon
Tokenized: [19 27 33 30  0 27  1 16 24 27 16 23  0 32 35 18 26 32 37  0 31 18 34 18
26  0 14 19 32 18 30  0 26 27 27 26 40 40 40 40 40]
Prediction: [1, 6, 10, 2, 7]
Prediction text: 16:27
```

可以看到，模型成功地将"four o'clock twenty seven after noon"翻译成"16:27"，说明基于注意力机制的双向 LSTM 模型效果不错。

最后再来简单看一下注意力模型到底在翻译过程中表达了什么，用可视化的方法对注意力模型进行展示。如图 14.11 所示，横轴为模型输入，可以看到输入为"12 min before 9 a.m."，纵轴为输出，即模型翻译效果，这里机器翻译结果为"08:48"，通过可视化热图的方法可以看到注意力机制使得模型能够"专注于"某些字母上，这使得机器翻译有更高准确性。

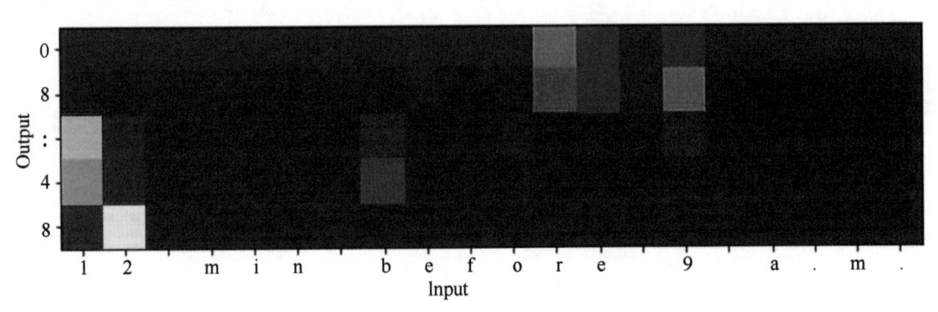

图 14.11 注意力模型的可视化展示

本讲重点介绍了注意力机制模型，在预训练模型大行其道的今天，对 seq2seq 加上注意力机制几乎是 NLP 里的标配。

本讲习题

尝试以一个实例对比有注意力机制的 seq2seq 和没有注意力机制的 seq2seq。

第 15 讲

语音识别

语音识别（Speech Recognition）是以语音为研究对象，通过语音信号处理和模式识别让机器自动识别和理解人类口述的语言。除传统语音识别技术之外，基于深度学习的语音识别技术也逐渐发展起来。本讲对广义的自然语言处理应用领域之一的语音识别进行一次简单的技术综述。

15.1 概述

自动语音识别(Automatic Speech Recognition, ASR),也可以简称语音识别。语音识别可以作为一种广义的自然语言处理技术,是用于人与人、人与机器进行更顺畅交流的技术。目前语音识别已使用在日常生活的各个方面:手机端的语音识别技术,如苹果的 Siri;智能音箱助手,如阿里的天猫精灵;还有如科大讯飞一系列的智能语音产品等。

为了能够更加清晰地定义语音识别的任务,先来看一下语音识别的输入和输出都是什么。大家都知道,声音从本质上来说是一种波,也就是声波,这种波可以作为一种信号来进行处理,所以语音识别的输入实际上就是一段随时间播放的信号序列,而输出则是一段文本序列。语音识别的输入与输出如图 15.1 所示。

图 15.1 语音识别的输入与输出

将语音片段输入转化为文本输出的过程就是语音识别。一个完整的语音识别系统通常包括信息处理与特征提取、声学模型、语言模型和解码搜索四个模块。一个典型的语音识别系统如图 15.2 所示。

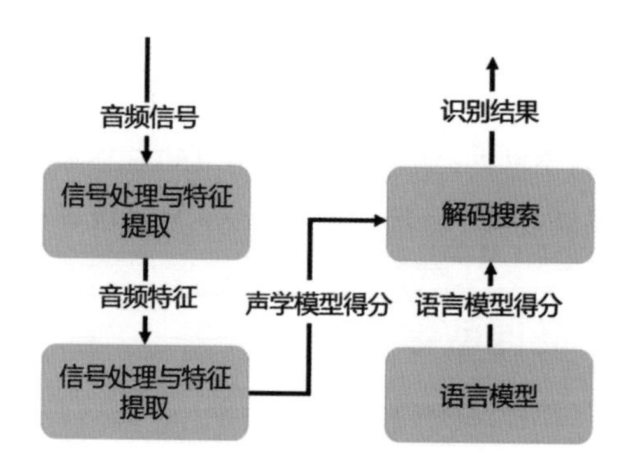

图 15.2 典型的语音识别系统

信号处理与特征提取可以视作音频数据的预处理部分,一般来说,一段高保真、无噪声的语言是非常难得的,在实际研究中用到的语音片段或多或少都有噪声,所以在正式进入声学模型之前,需要通过消除噪声和信道增强等预处理技术,将信号从时域转化到频域,然后为之后的声

图 15.3 安德雷·马尔可夫

学模型提取有效的特征向量。接下来声学模型会将预处理部分得到的特征向量转化为声学模型得分，与此同时，语言模型，即前文在自然语言处理中谈到的类似 N-Gram 和 RNN 等模型，会得到一个语言模型得分，最后在解码搜索阶段会针对声学模型得分和语言模型得分进行综合，将得分最高的词序列作为最后的识别结构。这便是语音识别的一般原理。图 15.3 所示是提出隐马尔可夫模型的著名数学家安德雷·马尔可夫。

因为语音识别相较于一般的自然语言处理任务特殊之处就在于声学模型，所以语言识别的关键也就是信号预处理技术和声学模型部分。在深度学习兴起应用到语言识别领域之前，声学模型已经有了非常成熟的模型体系，以及被成功应用到实际系统中的案例，例如，经典的高斯混合模型（GMM）和隐马尔可夫模型（HMM）等。神经网络和深度学习兴起以后，循环神经网络、LSTM、编码-解码框架、注意力机制等基于深度学习的声学模型将此前各项基于传统声学模型的识别案例错误率降低了一个层次，所以基于深度学习的语音识别技术也正在逐渐成为语音识别领域的核心技术。

语音识别发展到如今，无论是基于传统声学模型的语音识别系统还是基于深度学习的语音识别系统，语音识别的各个模块都是分开优化的。但是语音识别本质上是一个序列识别问题，如果模型中的所有组件都能够联合优化，那么很可能会获取更好的识别准确度，因而端到端的自动语音识别是未来语音识别最重要的发展方向之一。

所以，本讲主要内容的介绍顺序就是，首先介绍声波信号处理与特征提取等预处理技术；然后介绍 GMM 和 HMM 等传统的声学模型，其中重点解释语音识别的技术原理；之后对基于深度学习的声学模型进行一个技术概览，对当前深度学习在语音识别领域的主要技术进行简单了解；最后对未来语音识别的发展方向——端到端的语音识别系统进行了解。

15.2 信号处理与特征提取

因为声波是一种信号，所以可以将其称为音频信号。原始的音频信号通常由于人类发声器官或语音采集设备所带来的静音片段、混叠、噪声、高次谐波失真等因素，会在一定程度上对语音信号质量产生影响。所以，在正式使用声学模型进行语音识别之前，必须对音频信号进行预处理和特征提取。

最初始的预处理工作就是静音切除，也叫作语音激活检测（Voice Activity Detection，VAD）

或语音边界检测。其目的是从音频信号流中识别和消除长时间的静音片段，在截取出来的有效片段上进行后续处理会在很大程度上降低静音片段带来的干扰。除此之外，还有许多其他的音频预处理技术，这里不再展开。其次就是特征提取工作，音频信号中通常包含非常丰富的特征参数，不同的特征向量表征着不同的声学意义，从音频信号中选择有效的音频表征的过程就是语音特征提取。常用的语音特征包括线性预测倒谱系数（LPCC）和梅尔频率倒谱系数（MFCC），其中 LPCC 特征是根据声管模型建立的特征参数，是对声道响应的特征表征；而 MFCC 特征是基于人的听觉特征提取出来的特征参数，是对人耳听觉的特征表征。所以，在对音频信号进行特征提取时通常使用 MFCC 特征。

MFCC 主要由预加重、分帧、加窗、快速傅里叶变换（FFT）、梅尔滤波器组、离散余弦变换几部分组成，其中 FFT 与梅尔滤波器组是 MFCC 最重要的部分。图 15.4 所示是傅里叶变换的简单示意图，通过傅里叶变换将时域切换到频域。一个完整的 MFCC 算法包括如下几个步骤。

（1）快速傅里叶变换（FFT）。

（2）梅尔频率尺度转换。

（3）配置三角形滤波器组并计算每一个三角形滤波器对信号幅度谱滤波后的输出。

（4）对所有滤波器输出做对数运算，再进一步做离散余弦变换（DTC），即可得到 MFCC。

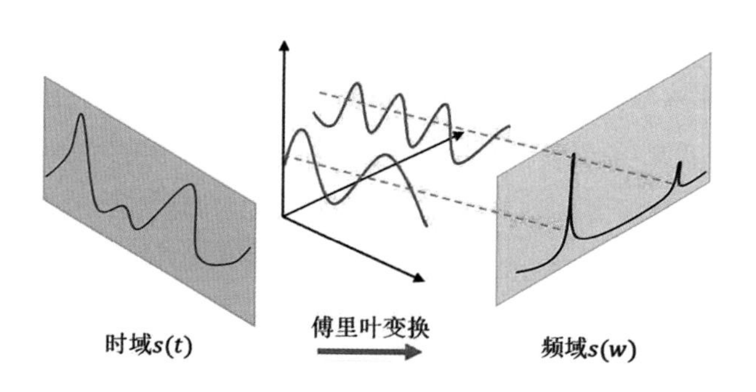

图 15.4 傅里叶变换

在实际的语音研究工作中，也不需要我们再重新构造一个 MFCC 特征提取方法，Python 提供了 pyaudio 和 librosa 等语音处理工作库，可以直接调用 MFCC 算法的相关模块快速实现音频预处理工作。图 15.5 所示是一段音频的 MFCC 分析。

过去在语音识别上所取得的成果证明 MFCC 是一种行之有效的特征提取方法。但随着深度学习的发展，受限玻尔兹曼机（RBM）、卷积神经网络（CNN）、CNN-LSTM-DNN（CLDNN）等深度神经网络模型作为一个直接学习滤波器代替梅尔滤波器组，被用于自动学习的语音特征提取中，并取得了良好的效果。

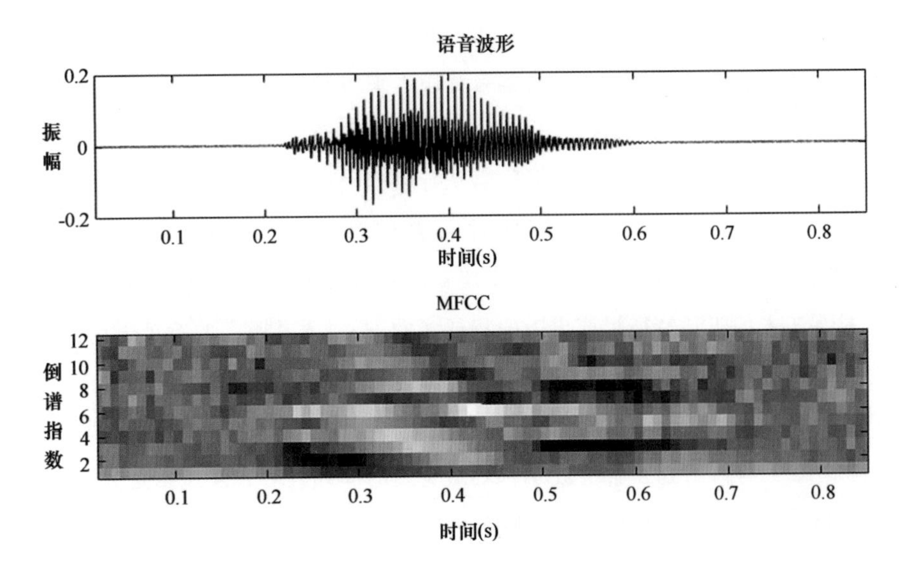

图 15.5 音频的 MFCC 分析

15.3 传统声学模型

在经过语音特征提取之后，就可以将这些音频特征做进一步的处理，处理的目的是找到语音来自某个声学符号（音素）的概率。这种通过音频特征找概率的模型就称为声学模型。在深度学习兴起之前，混合高斯模型（GMM）和隐马尔可夫模型（HMM）一直作为非常有效的声学模型而被广泛使用，当然即使是在深度学习高速发展的今天，这些传统的声学模型在语音识别领域仍然有着一席之地。所以，作为传统声学模型的代表，这里就简单介绍一下 GMM 和 HMM 模型。

所谓高斯混合模型（Gaussian Mixture Model，GMM），就是用混合的高斯随机变量的分布来拟合训练数据（音频特征）时形成的模型。原始的音频数据经过短时傅里叶变换或取倒谱后会变成特征序列，在忽略时序信息的条件下，这种序列非常适用于使用 GMM 进行建模。混合高斯分布的图像如图 15.6 所示。

如果一个连续随机变量服从混合高斯分布，那么其概率密度函数公式如下。

$$p(x)=\sum_{m=1}^{M}\frac{c_m}{(2\pi)^{\frac{1}{2}}\sigma_m}\exp\left[-\frac{1}{2}\left(\frac{x-u_m}{\sigma_m}\right)^2\right]$$

$$=\sum_{m=1}^{M}c_mF(x;u_m,\sigma_m^2)\ (-\infty<x<\infty;\sigma_m>0;c_m>0) \tag{15.1}$$

GMM 训练通常采用最大期望（EM）算法来进行迭代优化，以求取 GMM 中的加权系数及各个高斯函数的均值与方差等参数。GMM 作为一种基于傅里叶频谱语音特征的统计模型，在

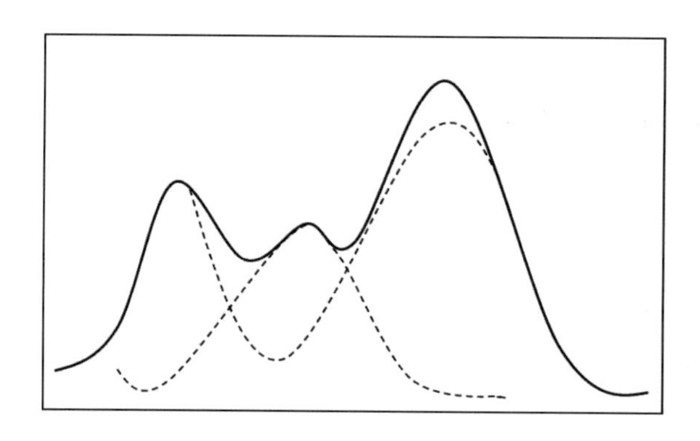

图 15.6　混合高斯分布的图像

传统语音识别系统的声学模型中发挥了重要的作用。其劣势在于不能考虑语音顺序信息，高斯混合分布也难以拟合非线性或近似非线性的数据特征。所以，当状态这个概念引入声学模型中时，就有了一种新的声学模型——隐马尔可夫模型（Hidden Markov Model，HMM）。在随机过程领域，马尔可夫过程和马尔可夫链向来有着一席之地。当一个马尔可夫过程含有隐含未知参数时，这样的模型就称为隐马尔可夫模型。HMM 的核心概念是状态，状态本身作为一个离散随机变量，马尔可夫链的每一个状态上都增加了不确定性或统计分布，使得 HMM 成为一种双随机过程。HMM 的一个时间演变结构如图 15.7 所示。

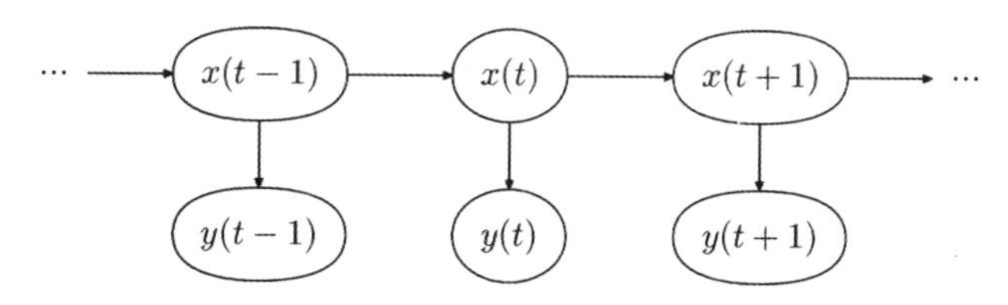

图 15.7　HMM 的一个时间演变结构

HMM 的主要内容包括参数特征、仿真方法、参数的极大似然估计、EM 估计算法及维特比状态解码算法等，本节作为简单综述这里不做详细地展开。

15.4 基于深度学习的声学模型

一提到神经网络和深度学习在语音识别领域中的应用，可能我们的第一反应就是循环神经网络（RNN）模型及长短期记忆网络（LSTM）等。实际上，在语音识别发展的前期，就有很多将神经网络应用于语音识别和声学模型的应用了。

最早用于声学建模的神经网络就是最普通的深度神经网络（DNN），GMM 等传统的声学模型存在音频信号表征的低效问题，但 DNN 可以在一定程度上解决这种低效表征问题。但在实

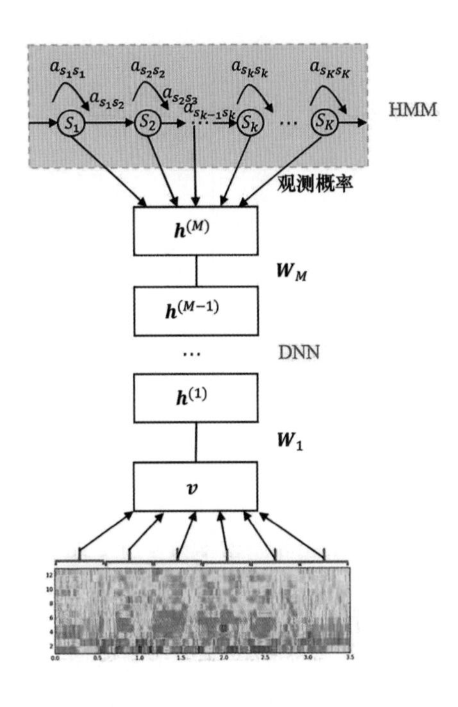

图 15.8　DNN-HMM 框架

际建模时，由于音频信号是时序连续信号，DNN则是需要固定大小的输入，所以早期使用 DNN来搭建声学模型时需要一种能够处理语音信号长度变化的方法。一种将 HMM 模型与 DNN模型结合起来的 DNN-HMM 混合系统颇具有效性。

如图 15.8 所示，HMM 用来描述语音信号的动态变化，DNN 则是用来估计观察特征的概率。在给定声学观察特征的条件下，可以用 DNN 的每个输出节点来估计 HMM 某个状态的后验概率。由于 DNN-HMM 的训练成本不高且具有相对较高的识别概率，所以即使是在语音识别领域中，它仍然是较常用的声学模型。

除 DNN 之外，经常用于计算机视觉的 CNN 也可以用来构建语音声学模型。当然，CNN 也经常与其他模型结合使用。CNN 用于声学模型方面主要包括 TDNN、CNN-DNN 框架、DFCNN、CNN-LSTM-DNN(CLDNN)框架、CNN-DNN-LSTM(CDL)框架、逐层语境扩展和注意 CNN 框架(LACE)等。这些基于 CNN 的混合模型框架都在声学模型上取得了很多成果，这里笔者仅挑两个进行简单阐述。

时延神经网络(TDNN)是最早基于 CNN 的语音识别方法，TDNN 会沿频率轴和时间轴同时进行卷积，因此能够利用可变长度的语境信息。TDNN 用于语音识别分为两种情况：第一种情况是只有 TDNN，很难用于大词汇量连续性语音识别(LVCSR)，原因在于可变长度的表述与可变长度的语境信息是两回事，在 LVCSR 中需要处理可变长度表述问题，而 TDNN 只能处理可变长度语境信息；第二种情况是 TDNN-HMM 混合模型，由于 HMM 能够处理可变长度表述问题，因此该模型能够有效地处理 LVCSR 问题。

全序列卷积神经网络(DFCNN)是由国内语音识别领域领头羊科大讯飞于 2016 年提出的一种语音识别框架。DFCNN 先对时域的语音信号进行傅里叶变换得到语音的语谱图，DFCNN直接将一句语音转化成一张图像作为输入，输出单元则直接与最终的识别结果(如音节或汉字)相对应。在 DFCNN 的结构中把时间和频率作为图像的两个维度，通过较多的卷积层和池化层的组合，实现对整句语音的建模。在 DFCNN 的原理是把语谱图看作带有特定模式的图像，而有经验的语音学专家能够从中看出里面说的内容。DFCNN 的结构如图 15.9 所示。

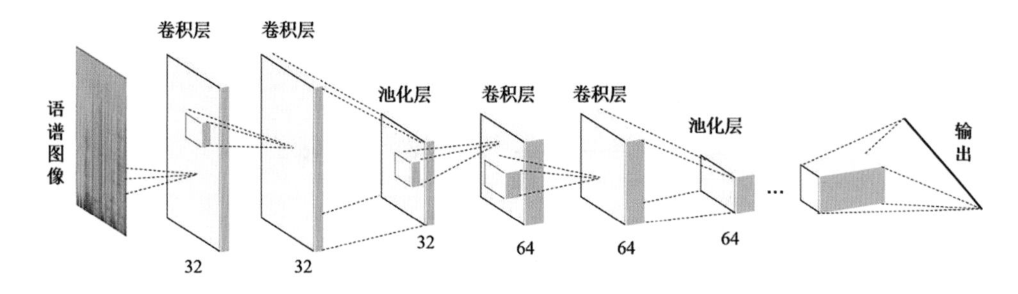

图 15.9 DFCNN 的结构

最后用于声学建模的神经网络就是 RNN,其中更多是 LSTM。音频信号具有明显的协同发音现象,因此必须考虑长时相关性。由于 RNN 具有更强的长时建模能力,使得 RNN 也逐渐替代 DNN 和 CNN,成为语音识别主流的建模方案,例如,常见的基于 seq2seq 的编码-解码框架就是一种基于 RNN 的模型。

长期的研究和实践证明:基于深度学习的声学模型要比传统的基于浅层模型的声学模型更适合语音处理任务。语音识别的应用环境常常比较复杂,选择能够应对各种情况的模型建模声学模型是工业界及学术界常用的建模方式。但单一模型都有局限性,HMM 能够处理可变长度表述问题,CNN 能够处理可变声道,RNN/CNN 能够处理可变长度语境信息。在声学模型建模中,由于混合模型能够结合各个模型的优势,因此它是目前乃至今后一段时间内声学建模的主流方式。

15.5 端到端的语音识别系统简介

无论是 GMM 和 HMM 这样的传统声学模型,还是基于深度学习的声学模型,它们对于整个语音识别系统都是分开优化的,但是语音识别本质上是一个序列识别问题,如果模型中所有组件都能够联合优化,那么很可能会获取更好的识别准确度,所以就需要一种端到端(End2End)的语音识别系统。

基于深度学习的自动语音识别流程如图 15.10 所示,主要包括特征提取、DNN/RNN 声学模型、解码器等过程。端到端的语音识别系统就是将上述组件流程进行联合优化。

图 15.10 基于深度学习的自动语音识别流程

基于组件联合优化后的端到端的语音识别系统构成如图 15.11 所示。

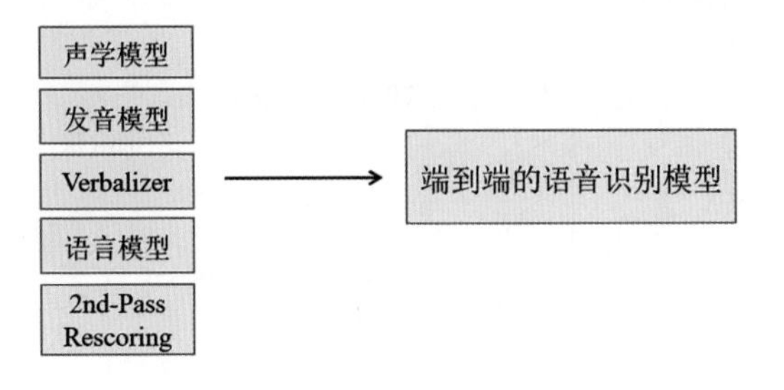

图 15.11　端到端的语音识别系统构成

本讲习题

尝试查找相关材料,以实例比较基于传统方法的语音识别和基于深度学习方法的语音识别的差异和效果。

第 16 讲

从 Embedding 到 XLNet：NLP 预训练模型简介

迁移学习和预训练模型不仅在计算机视觉领域中应用广泛，在 NLP 领域中也逐渐成为主流方法。近年来不断在各项 NLP 任务上刷新最佳成绩的各种预训练模型值得我们第一时间跟进。本讲将对 NLP 领域的各种预训练模型进行一个简要的回顾——从初始的 Embedding 模型到 ELMo、GPT，到谷歌的 BERT，再到最强 NLP 预训练模型 XLNet；梳理 NLP 预训练模型发展的基本脉络，并对当前 NLP 发展的基本特征进行概括。

16.1 从 Embedding 到 ELMo

在第 12 讲中我们谈到词嵌入(Word Embedding,WE)是一种较为流行的词汇表征方法,在第 13 讲中我们又了解到 word2vec 是最主要的词嵌入工具。本讲的主题是 NLP 预训练模型,词嵌入除是一种词汇表征方法之外,还是一种语言模型,更是一种标准的预训练过程。很长一段时间以来,词嵌入对于许多下游的 NLP 任务都大有裨益,例如,计算语义相似度、社交关系挖掘与推荐、向量检索等。

但词嵌入本身也有很多硬伤。最严重的一个问题是多义词问题。作为自然语言中一种最常见的现象,词嵌入很难处理好这个问题。一个多义词的词嵌入示例如图 16.1 所示。

多义词 Bear
1. 熊
2. 忍受

5	3	5	2	0	7
2	4	8	6	9	0
1	4	3	2	1	9
7	8	0	1	2	3
5	5	6	7	3	0
4	3	3	2	0	0
0	0	9	1	0	1
5	7	6	6	0	2

图 16.1 多义词的词嵌入示例

图 16.1 所示是单词 Bear 的词嵌入展示,但 Bear 是一个多义词,作为名词是熊的意思,作为动词则是忍受的意思。词嵌入在对 Bear 进行语义表征时,很难区分这两种含义。即使这两种含义出现在不同的上下文语义中,但是用语言模型进行训练时,无论什么样的上下文经过 word2vec 处理,都只会预测为语义相同单词 Bear,而同一个单词占据的是同一行参数空间,这就使得这两种不同的上下文信息都会编码到相同的词嵌入空间中去,所以词嵌入无法处理多义词问题。

因此,对于多义词问题,语言模型嵌入(Embedding from Language Models,ELMo)提出了一个较好的解决方案。词嵌入的缺点在于静态表示,所谓静态表示,就是 word2vec 在训练完之后每个单词的词向量都固定了,在使用时就比较受限于应用场景。ELMo 的思想也很简单,词嵌入有静态表示的缺点,那 ELMo 就来根据实际应用的上下文来对训练好的词嵌入进行动态调整。具体来说,ELMo 先学习一个单词的词向量表示,这时这个单词的词向量与原始的词嵌入是一样的,不具备区分多义词的能力。在实际使用时,需要根据应用场景的上下文语义来调整单词的词向量表示,经过调整后的词向量就具备区分多义词的能力了。

ELMo 采用了双层双向的 LSTM 结构,由一个前向和一个后向语言模型构成,目标函数则取这两个方向语言模型的极大似然估计。ELMo 的结构如图 16.2 所示，左边的前向双层 LSTM 代表正方向编码器，输入的是除目标单词之外的从左到右的上文 Context-before；右边的后向双层 LSTM 代表反方向编码器，输入的是从右到左的逆序下文 Context-after。

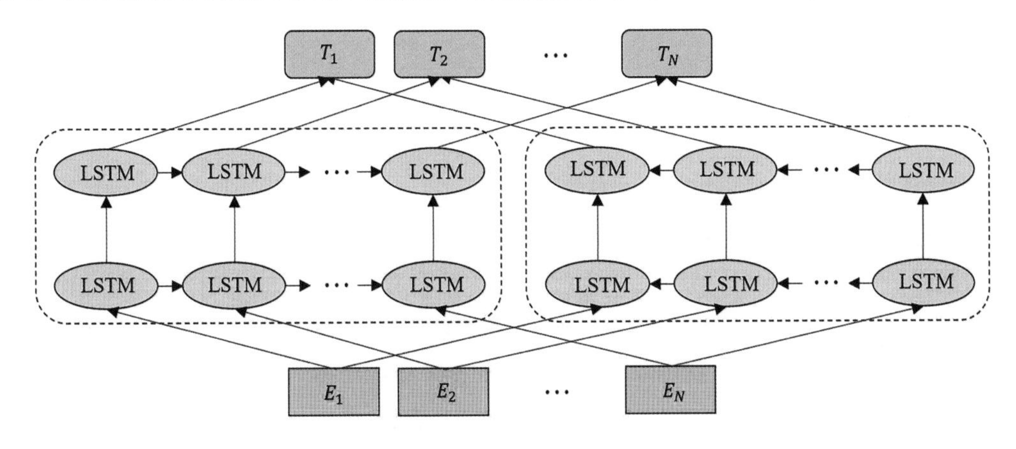

图 16.2 ELMo 的结构

前向 LSTM 模型：

$$p(t_1,t_2,\cdots,t_N)=\prod_{k=1}^{N}p(t_k|t_1,t_2,\cdots,t_{k-1}) \tag{16.1}$$

后向 LSTM 模型：

$$p(t_1,t_2,\cdots,t_N)=\prod_{k=1}^{N}p(t_k|t_{k+1},t_{k+2},\cdots,t_N) \tag{16.2}$$

目标函数为联合两个方向的极大对数似然函数：

$$\sum_{k=1}^{N}(\log p(t_k|t_1,\cdots,t_{k-1};\Theta_x,\vec{\Theta}_{\text{LSTM}},\Theta_s)+\log p(t_k|t_{k+1},\cdots,t_N;\Theta_x,\overleftarrow{\Theta}_{\text{LSTM}},\Theta_s)) \tag{16.3}$$

ELMo 训练好之后即可根据下游的 NLP 任务来进行调整。具体就是从预训练网络中提取对应单词的网络各层的词向量作为新特征补充到下游的 NLP 任务，因为 ELMo 是以单词特征的形式提供给下游 NLP 任务的，所以这一类预训练方法也称为基于特征的预训练模型（Feature-based Pre-Training）。另外一种基于微调（Fine-Tuning）的预训练方法将会在下文进行介绍。

16.2 特征提取器：Transformer

一个好的 NLP 预训练模型，除要有能够适应各种场景的词嵌入表达之外，更需要一个特征提取能力强大的网络结构。ELMo 采用了双向双层的 LSTM 结构，但事后证明 RNN 和 LSTM

的特征提取能力还远远不够强大。下文要说到的 GPT 和 BERT 等超强的预训练模型大多都用到了一种叫作 Transformer 的网络结构。实际上，我们在第 14 讲介绍注意力机制时就已经接触到了。Transformer 在著名的 *Attention is all your need* 论文中正式提出，也正是在这篇论文里我们了解了注意力机制这样一种设计。传统的 RNN 或 LSTM 的顺序计算机制存在以下两个比较严重的问题。

(1)时间步 t 依赖于时间步 $t-1$ 时刻的计算结果，这也是 RNN 并行能力较差的原因。

(2)顺序计算过程中会存在信息丢失现象。

为此，Transformer 抛弃了传统的 CNN 和 RNN 结构，本质上是一种完全由注意力(Attention)构成的网络。Transformer 从结构上看依然是编码-解码架构，由自注意力(Self-Attention)、编码-解码注意力(Encoder-Decoder Attention)和前馈神经网络(Feed Forward Neural Network)构成。一个完整的 Transformer 结构也是一个典型的编码-解码结构，如图 16.3所示。

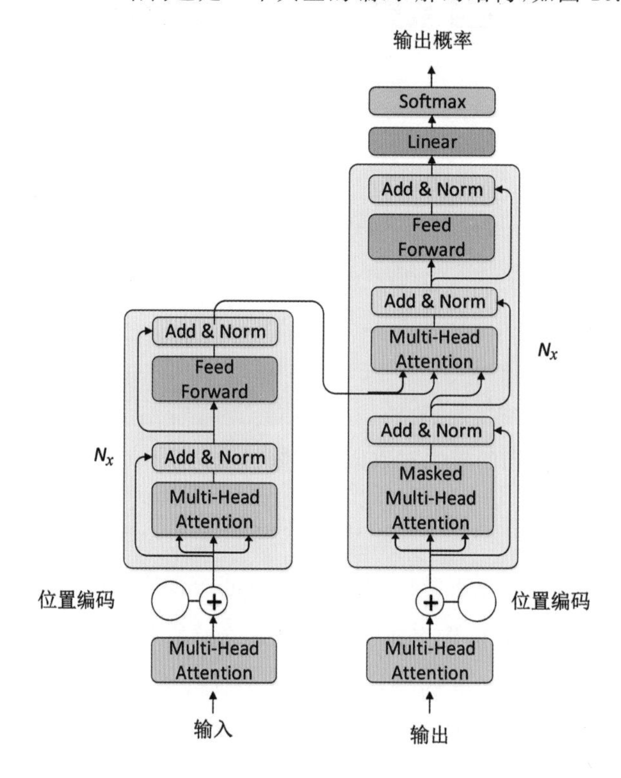

图 16.3　Transformer 的结构

Transformer 目前已经成功取代 RNN 和 LSTM 成为 NLP 预训练模型主流特征提取器，若是 ELMo 能将双向双层的 LSTM 结构换成 Transformer，想来当时可能就会是另一种反响了。

16.3 低调王者：GPT

GPT 模型很好地弥补了 ELMo 留下的遗憾。GPT(Generative Pre-Training)意为生成式预训练模型。前文提到 NLP 的预训练方法分为基于特征的预训练和基于微调的预训练，GPT 就是一种基于微调的预训练方法。

GPT 本质上与 ELMo 较类似，但有两点关键的区别：一是弥补了 ELMo 的遗憾，采用 Transformer 取代 LSTM 作为特征提取器；二是相对于 ELMo 的双向模型，GPT 采用的是单向语言模型。所谓单向，是指相对于双向的预测目标词同时使用上下文信息来说只使用 Context-before 上文信息来做预测，而不使用 Context-after 下文信息。当然，单向模型相较于双向模型还是有一定的信息损失的，这也是 GPT 的一个缺点。GPT 的结构如图 16.4 所示。

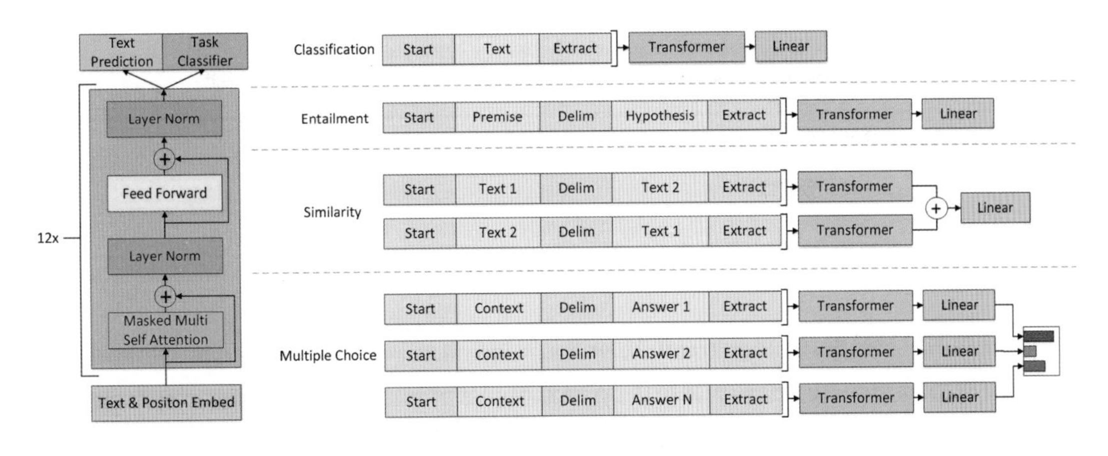

图 16.4　GPT 的结构

图 16.4 的左边是 GPT 使用的 Transformer 结构作为预训练，右边是如何根据具体的 NLP 任务来对 GPT 进行微调。使用了 Transformer 结构的 GPT 模型效果也非常好，在基础的 12 个 NLP 任务里有 9 个达到了 State of the Art。要说 GPT 有什么美中不足，那大概就是单向语言模型了。即使是后来的 GPT-2，也只能算是放大版的 GPT，仍然没有对单向语言模型进行修改。

16.4 封神之作：BERT

有了前面的积累，大名鼎鼎的 BERT(Bidirectional Encoder Representations from Transformers)其实也就是水到渠成的事了。当初 BERT 横空出世，刷爆各种 NLP 记录榜，让人以为 BERT 会有什么里程碑式的结构创新。其实不然，正是有了 ELMo、GPT 和 Transformer 等研究工作的积累，才成就了今天的 BERT。与 ELMo 和 GPT 一样,BERT 仍然是基于微调的预训练方法。

BERT 可以理解为基于 Transformer 的双向编码器表征,顾名思义,BERT 的两大关键点就是:双向结构和 Transformer 特征提取器。BERT 本质上就是双向的 GPT,若是当初 GPT 把单向语言模型改成双向语言模型,估计后来也就没 BERT 什么事了。所以,这里可以把 BERT 理解为一种以往研究的集成。BERT 的结构如图 16.5所示。

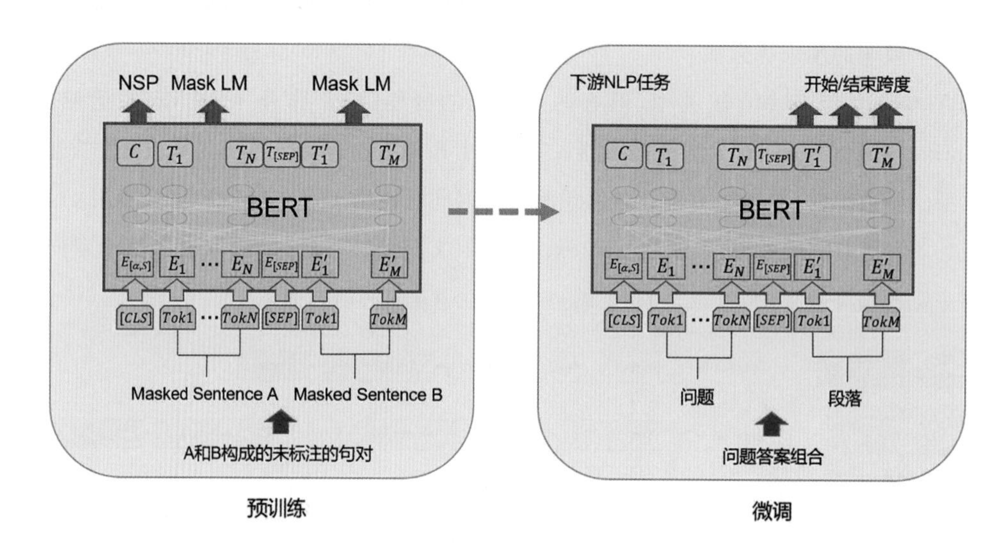

图 16.5 BERT 的结构

同样的两阶段模型,图 16.5 的左边是 BERT 的预训练阶段,采用双向的 Transformer 结构进行特征提取;右边是 BERT 的微调阶段,直接根据具体的 NLP 任务进行调整。至此,我们基本上梳理清楚了 ELMo、Transformer、GPT 和 BERT 之间的关系。

虽说 BERT 没有太大创新,只是做了一些集成工作,但它的实际效果很好,一经面世就在各种 NLP 任务上刷出了 State of the Art,所以 BERT 依然是一项具有里程碑意义的工作。关于 GPT 和 BERT 还有很多像 Masked 语言模型等细节问题没有提到,感兴趣的读者可以把相关论文找出来仔细研读。

16.5 持续创新:XLNet

XLNet 是一个类似 BERT 的模型,是一种通用的自回归预训练方法。在正式介绍 XLNet 之前,先来看两个概念:一个概念是自回归语言模型(Autoregressive Language Model),就是根据上文内容来预测下一个可能出现的单词,或者是反过来用下文内容来预测前文单词,前文提到的 ELMo 和 GPT 都是典型的自回归语言模型;另一个概念是自编码语言模型(Autoencoder

Language Model)，关于自编码器将会在本书的最后几讲进行介绍，基于自编码器的语言模型的基本思想就是在输入序列中随机地屏蔽(Mask)一些单词，然后在预训练时预测这些被 Mask 的单词，从自编码器的角度来看，被 Mask 的这些单词可以视为向输入添加的噪声，BERT 就是这种自编码语言模型的代表。

自编码语言模型和自回归语言模型正好相反。自编码语言模型能够较好地融入双向模型，但输入端使用 Mask 使得预训练阶段和微调阶段会存在不一致的情况，因为在微调阶段被 Mask 的单词是没有标记的，BERT 就存在这样的缺点。

为了解决 BERT 的这个问题，XLNet 应运而生。相较于 BERT 的自编码语言模型，XLNet 又用回了自回归语言模型，但与 ELMo 和 GPT 不一样的是 XLNet 采用一种新的方法来实现双向编码，这种方法叫作乱序语言模型(Permutation Language Model)。怎么个乱序法呢？具体如图 16.6 所示。假设输入序列 X 由 x_1、x_2、x_3 和 x_4 四个单词构成，现在要输入的单词为 x_3，位置是 P_3，想要它在上文 Context-before 中，也就是 P_1 或 P_2 的位置看到 P_4 位置的单词 x_4。乱序方法如下：先固定住 x_3 所在位置 P_3，然后对序列的 4 个单词进行随机排列组合，从这个排列组合里选择一部分作为语言模型的输入 X 。假设随机选择的是 x_2，x_4，x_3，x_1 这样的组合，此时 x_3 就能同时看到上文 x_2 和下文 x_4 的内容了。这种乱序的操作是 XLNet 的主要思想。

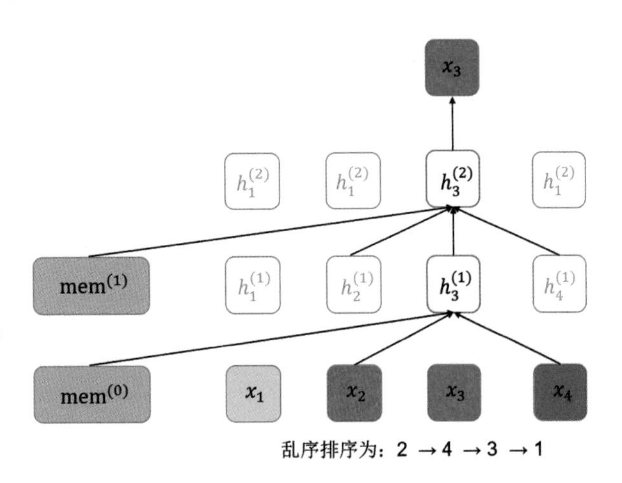

图 16.6　XLNet 乱序

为了捕捉更长距离的信息，XLNet 采用了超长版本的 Transformer 特征提取器 Transformer-XL。一系列改进的结果就是 XLNet 在 20 个 NLP 任务上都以较大优势超越了此前的 BERT，并且在 18 个任务上达到了 State of the Art。

以上便是本讲介绍的主要内容。基于深度学习的 NLP 目前正是一个变革巨大、发展迅速的领域，本讲仅对一些重要的预训练模型进行一个简单的概述，很多细节方面还需要读者去进一步地学习。

本讲习题

以 BERT、XLNet 为代表的预训练时代的 NLP，传统的基于词向量的 NLP 是否还有应用价值和意义？

第17讲

深度生成模型之自编码器

在前面的章节中，DNN、CNN、RNN 等经典神经网络都属于有监督深度学习范畴。本讲及第 18 讲将要介绍的是深度学习中的生成模型。本讲先要介绍的是自编码器模型。作为一种无监督或自监督算法，自编码器本质上是一种数据压缩算法。从现有情况来看，无监督学习很有可能是一把决定深度学习未来发展方向的钥匙，在缺乏高质量打标数据的有监督机器学习时代，若是能在无监督学习方向上有所突破，对于未来深度学习的发展意义重大。

17.1 自编码器

所谓自编码器(Autoencoder, AE),就是一种利用反向传播算法使得输出值等于输入值的神经网络,它先将输入压缩成潜在空间表征,再将这种表征重构为输出。所以,从本质上来说,自编码器是一种数据压缩算法,其压缩和解压缩算法都是通过神经网络来实现的。自编码器有如下 3 个特点。

(1)数据相关性。数据相关性是指自编码器只能压缩与自己此前训练数据类似的数据。例如,如果使用 MNIST 训练出来的自编码器来压缩人脸图片,那么效果肯定会很差。

(2)数据有损性。自编码器在解压时得到的输出与原始输入相比会有信息损失,所以自编码器是一种数据有损的压缩算法。

(3)自动学习性。自编码器是从数据样本中自动学习的,这意味着它很容易对指定类的输入训练出一种特定的编码器,而不需要完成任何新工作。

构建一个自编码器需要两部分:编码器(Encoder)和解码器(Decoder)。编码器将输入压缩为潜在空间表征,可以用函数 $f(x)$ 来表示;解码器将潜在空间表征重构为输出,可以用函数 $g(x)$ 来表示。编码函数 $f(x)$ 和解码函数 $g(x)$ 都是神经网络模型。自编码器的结构如图 17.1所示。

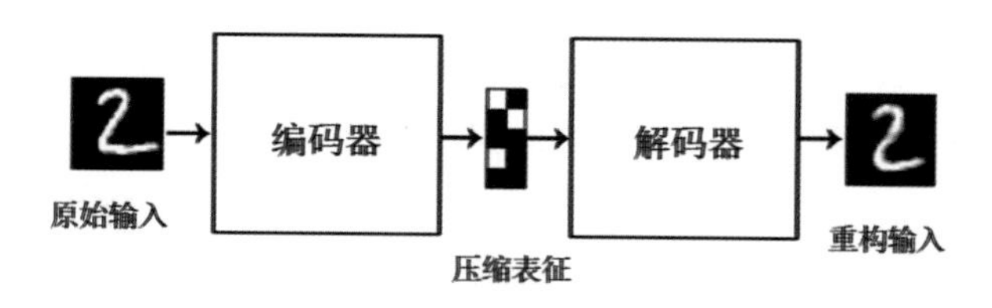

图 17.1 自编码器的结构

至此,我们大致弄清楚了自编码器是一种让输入等于输出的算法。但是仅仅如此吗?当然不是,如果一个算法只是为了让输入等于输出,那么这个算法意义肯定不大,自编码器的核心价值在于经编码器压缩后的潜在空间表征。上面提到自编码器是一种数据有损的压缩算法,经过这种有损的数据压缩,可以学习到输入数据中最重要的特征。自编码器的编码-解码结构如图 17.2所示。

虽然自编码器是一个新概念,但是其内容本身非常简单。在后面的 Keras 实现中大家可以看到如何用几行代码搭建和训练一个自编码器。那么重要的问题来了,自编码器这样的自我学习模型到底有什么用呢?这个问题的答案关乎无监督学习在深度学习领域的价值,所以还是非常有必要说一下的。自编码器吸引了一大批研究和关注的主要原因之一是,很长一段时间以来,它被认为是解决无监督学习的可能方案,即大家觉得自编码器可以在没有标签时学习到数

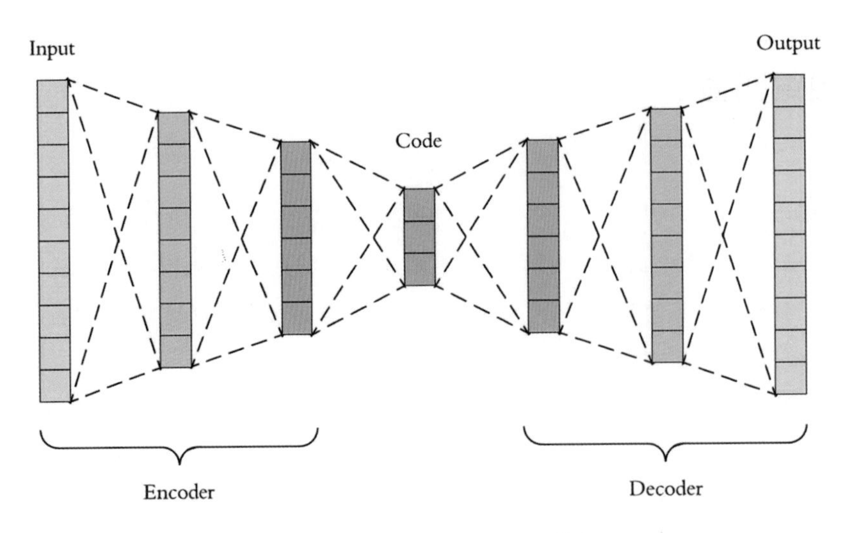

图 17.2　自编码器的编码-解码结构

据的有用表达。但就具体应用层面上而言，自编码器通常有两个方面的应用：一是数据去噪，二是为进行可视化而降维。自编码器在适当的维度和系数约束下可以学习到比主成分分析（PCA）等技术更有意义的数据映射。

17.2 自编码器的降噪作用

17.1 节提到自编码器的一个重要作用就是给数据进行降噪处理。以 CIFAR-10 数据集为例，下面给原始数据添加一些噪声，看看是否能使用自编码器来进行去噪。读取数据并添加噪声，如代码 17.1 所示。

代码 17.1　给 CIFAR-10 添加噪声

```
# 导入相关模块
from keras.datasets import cifar10
import numpy as np
# 导入 MNIST 数据
(x_train, _), (x_test, _) = cifar10.load_data()
x_train = x_train.astype('float32') / 255.
x_test = x_test.astype('float32') / 255.
# 对数据做 reshape
x_train = np.reshape(x_train, (len(x_train), 32, 32, 3))
x_test = np.reshape(x_test, (len(x_test), 32, 32, 3))
# 给数据添加噪声
noise_factor = 0.2
x_train_noisy = x_train + noise_factor * np.random.normal(loc=0.0, scale=1.0,
    size=x_train.shape)
```

```
x_test_noisy = x_test + noise_factor * np.random.normal(loc=0.0, scale=1.0,
    size=x_test.shape)
# 将噪声扰动控制在 0 ~ 1 之间
x_train_noisy = np.clip(x_train_noisy, 0., 1)
x_test_noisy = np.clip(x_test_noisy, 0., 1)
```

可视化展示添加噪声后的 CIFAR-10 数据集示例,如代码 17.2 所示。

代码 17.2　绘制含噪声的 CIFAR-10

```
# 添加了噪声之后的数据展示
n = 10
plt.figure(figsize=(20, 4))
for i in range(1, n):
    ax = plt.subplot(2, n, i)
    plt.imshow(x_train_noisy[i].reshape(32, 32))
    plt.gray()
    ax.get_xaxis().set_visible(False)
    ax.get_yaxis().set_visible(False)
plt.show()
```

绘制结果如图 17.3 所示。

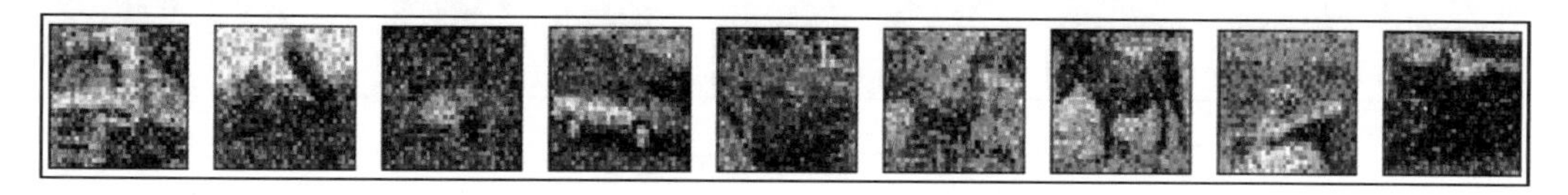

图 17.3　添加噪声后的 CIFAR-10 数据集示例

下面用自编码器模型对上述经过噪声处理后的数据进行降噪和还原,可以使用卷积神经网络作为编码和解码模型,搭建过程如代码 17.3 所示。

代码 17.3　搭建自编码器

```
# 导入 Keras 相关模块
from keras.layers import Input, Dense, UpSampling2D
from keras.layers import Conv2D, MaxPooling2D, Lambda
from keras.models import Model
from keras import backend as K
# 输入维度
input_img = Input(shape=(32, 32, 3))
# 基于卷积和池化的编码器
x = Conv2D(32, (3, 3), activation='relu', padding='same')(input_img)
x = MaxPooling2D((2, 2), padding='same')(x)
x = Conv2D(32, (3, 3), activation='relu', padding='same')(x)
encoded = MaxPooling2D((2, 2), padding='same')(x)
# 基于卷积核上采样的解码器
x = Conv2D(32, (3, 3), activation='relu', padding='same')(encoded)
```

```
x = UpSampling2D((2, 2))(x)
x = Conv2D(32, (3, 3), activation='relu', padding='same')(x)
x = UpSampling2D((2, 2))(x)
decoded = Conv2D(3, (3, 3), activation='sigmoid', padding='same')(x)
# 搭建模型并编译
autoencoder = Model(input_img, decoded)
autoencoder.compile(optimizer='adam', loss='binary_crossentropy')
```

在搭建完毕之后即可对噪声数据进行训练，如代码 17.4 所示。

代码 17.4　自编码器训练

```
# 对噪声数据进行自编码训练
autoencoder.fit(x_train_noisy, x_train,
                nb_epoch=100,
                batch_size=128,
                shuffle=True,
                validation_data=(x_test_noisy, x_test))
```

经过卷积自编码器训练之后的噪声图像还原效果如图 17.4 所示。

图 17.4　噪声图像还原效果

添加的噪声基本被消除了，可见自编码器确实是一种较好的数据降噪算法。关于原始的自编码器就先介绍到这里，下面再来看看更加著名的变分自编码器。

17.3　变分自编码器

作为一种特殊的编码器模型，变分自编码器（Variational Autoencoder，VAE）是生成模型的两座大山之一[另一座是第 18 讲要介绍的生成对抗网络（GAN）]，VAE 特别适用于通过概念向量进行图像生成和编辑的任务。

经典的自编码器由于本身是一种有损的数据压缩算法，在进行图像重构时不会得到效果最佳或良好结构的潜在空间表达，VAE 则不是将输入图像压缩为潜在空间的编码，而是将图像转换为最常见的两个统计分布参数——均值和标准差。然后使用这两个参数来从分布中进行随机采样得到隐变量，并对隐变量进行解码重构即可。这是对 VAE 的一段相当简洁的描述，实际上，因为概率图本身的抽象性，VAE 不是一个容易理解的模型。所以，本节就和大家一起来详细了解一下 VAE 的原理与机制。图 17.5 所示是 VAE 的基本结构。

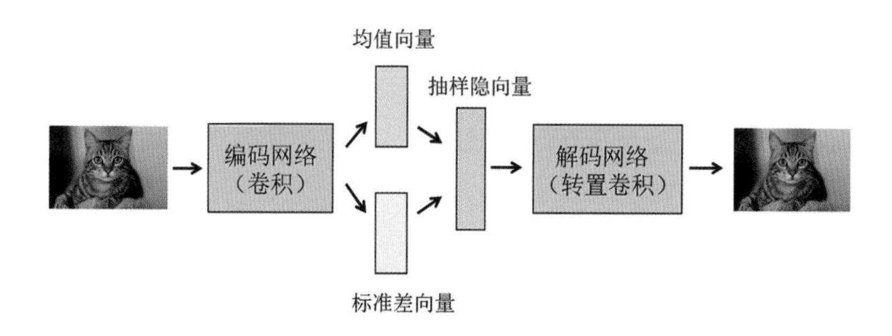

图 17.5　VAE 的基本结构

17.3.1　生成模型与分布变换

在统计学习方法中，通过生成方法所学习到的模型就是生成模型（Generative Model）（对应于判别方法和判别模型）。所谓生成方法，就是根据数据学习输入 X 和输出 Y 之间的联合概率分布，然后求出条件概率分布 $p(Y|X)$ 作为预测模型的过程，这种模型便是生成模型。例如，传统机器学习中的朴素贝叶斯模型和隐马尔可夫模型都是生成模型。

具体到深度学习和图像领域，生成模型也可以概括为用概率方式描述图像的生成，通过对概率分布采样产生数据。深度学习领域的生成模型的目标一般都很简单，就是根据原始数据构建一个从隐变量 Z 生成目标数据 Y 的模型，只是各个模型有着不同的实现方法。从概率分布的角度来解释就是构建一个模型将原始数据的概率分布转换到目标数据的概率分布，目标就是原始分布和目标分布要越像越好。所以，从概率论的角度来看，生成模型本质上就是一种分布变换。

17.3.2　变分自编码器的原理

VAE 的直观理解如图 17.6 所示。

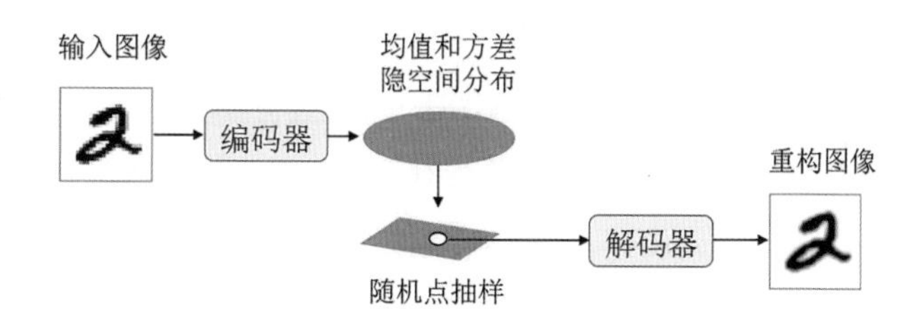

图 17.6　VAE 的直观理解

下面根据图 17.6 中的流程简述一下 VAE 的技术原理，具体如下。

（1）编码器模块将输入图像转换为表示潜在空间中的两个参数：均值和方差，这两个参数可以定义潜在空间中的一个正态分布。

(2)从这个正态分布中进行随机采样。

(3)由解码器模块将潜在空间中的采样点映射回原始输入图像,从而达到重构的目的。

虽然图 17.6 的思路足够直观和清晰,但是恐怕大家还不能真正理解变分自编码器。下面就来重新疏理一下整个思路流程。

假设有一批原始数据样本 $\{X_1, X_2, \cdots, X_n\}$,可以用 X 来描述这个样本的总体,在 X 的分布 $p(X)$ 已知的情况下,可以直接对 $p(X)$ 这个概率分布进行采样,如果是这样,后面就没 VAE 什么事了。但事与愿违,正常情况下,原始样本的分布 $p(X)$ 是未知的。那只好退而求其次,看看能否采用迂回战术,通过对 $p(X)$ 进行变换来推算 X。于是可以将 $p(X)$ 的分布表示为

$$p(X) = \sum_Z p(X|Z)p(Z) \tag{17.1}$$

根据式(17.1),$p(X|Z)$ 描述了一个由 Z 来生成 X 的模型,而这里假设 Z 服从标准正态分布,即 $p(Z)=N(0,1)$。如果这条路能走得通,那么就可以先从标准正态分布中采样一个 Z,然后根据 Z 来推算一个 X,这会是一个很优秀的生成模型。最后将这个模型结合自编码器进行表示,如图 17.7 所示。

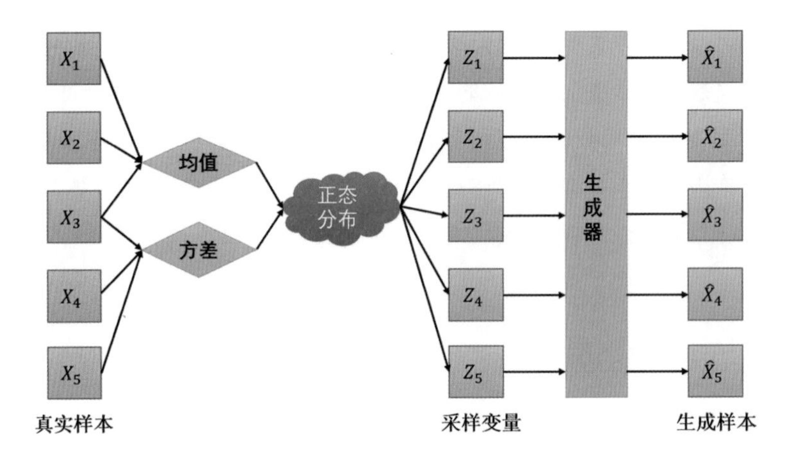

图 17.7 VAE 图解

图 17.7 可以看作是 VAE 的一种更为直观的表达:通过对原始样本均值和方差的统计量计算,可以将数据编码成潜在空间的正态分布,然后对正态分布进行随机采样,将采样的结果进行解码,最后生成目标图像。图 17.7 有一个关键问题在于,采样后得到的 Z_K 与原始数据中的 X_K 是否还存在着一一对应的关系。这很关键,因为正是这种一一对应的关系才使得模型具备输入图像的重构能力。

根据上面的表述,实际的 VAE 其实是对每一个原始样本 X_K 配置了一个专属的正态分布。为什么是专属?因为后面要训练一个生成器 $X=g(Z)$,希望能够把从分布 $p(Z|X_k)$ 采样出来的一个 Z_K 还原为 X_K。假设 $p(Z)$ 是正态分布,然后从 $p(Z)$ 中采样一个 Z,那么怎么知道这个 Z 对应于哪个真实的 X 呢?现在 $p(Z|X_k)$ 专属于 X_K,因此有理由说从这个分布采样出来

的 Z 应该要还原到 X_K 中去。还有一个问题就是，要怎样找出每一个 X_K 专属正态分布 $p(Z|X_k)$ 的均值和方差呢？很简单，用神经网络进行拟合即可，有时候深度学习就是这么简单。这样一来，就可以将图 17.7 的 VAE 图解修改成图 17.8 的模样。

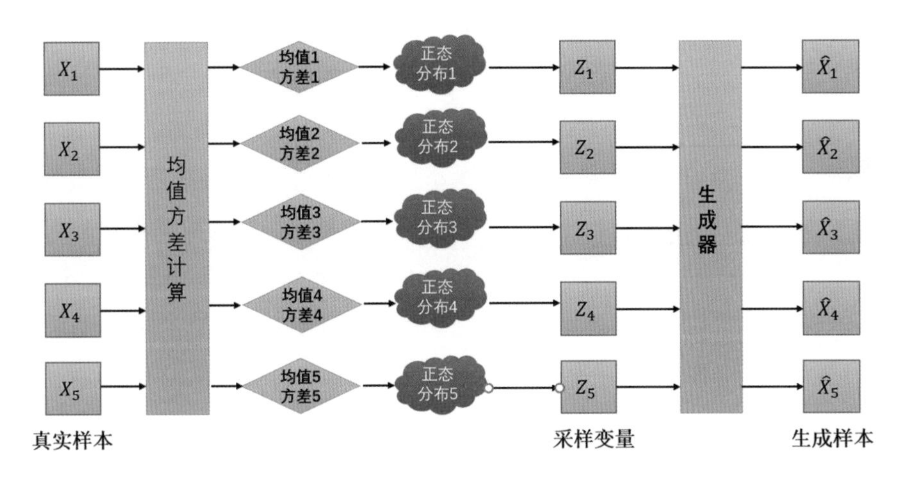

图 17.8 更新后的 VAE 图解

原来真正的 VAE 长这样！VAE 通过神经网络将原始数据进行均值和方差的潜在空间表征，然后将其描述为正态分布，再根据正态分布进行采样。下面就把目光聚焦到正态分布和采样上来。

先来看正态分布。首先，我们希望重构 X，也就是最小化原始分布和目标分布之间的误差，但是这个重构过程受到噪声的影响，因为 Z_K 是重新采样过的，而不是直接由 Encoder 计算出来的。其次，噪声的存在会增加数据重构的难度，但是均值和方差都在编码过程中由神经网络计算得到，所以模型为了重构得更好，在这个过程中肯定会尽量让方差向 0 靠近，但不能等于 0，等于 0 就失去了随机性，这样与普通的自编码器就没什么区别了。

VAE 给出的一个办法在于让所有的专属正态分布 $p(Z|X_k)$ 都向标准正态分布 $N(0,1)$ 看齐，于是有：

$$p(Z)=\sum_X p(Z|X)p(X)=\sum_X N(0,1)p(X)=N(0,1)\sum_X p(X)=N(0,1) \quad (17.2)$$

这样就能达到我们的先验假设：$p(Z)$ 是标准正态分布。然后我们就可以放心地从 $N(0,1)$ 中采样来生成图像。所以，VAE 为了使模型具有生成能力，模型要求每个 $p(Z|X_k)$ 都努力向标准正态分布看齐。

再来看采样。潜在空间表示为正态分布之后就是采样过程了。这里，VAE 的原始论文中提出一种参数复现(Reparameterization)的采样技巧。假设要从 $p(Z|X_k)$ 中采样一个 Z_K 出来，尽管 $p(Z|X_k)$ 是正态分布，但是均值和方差都是靠模型计算出来的，我们要靠这个过程反过来优化均值和方差的模型，但是“采样”这个操作是不可导的，而采样的结果是可导的，于是我们利

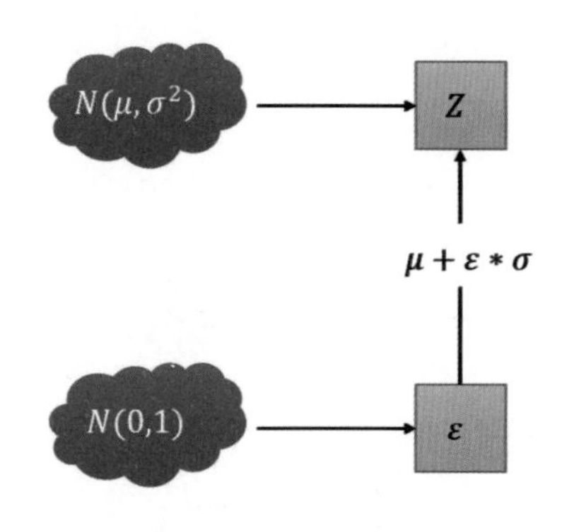

图 17.9 $N(\mu,\sigma^2)$ 采样变换

用了一个事实：从 $N(\mu,\sigma^2)$ 中采样一个 Z，就相当于从 $N(0,1)$ 中采样了一个 ε，然后做一个 $Z=\mu+\varepsilon*\sigma$ 的变换即可，如图 17.9 所示。

采样完成之后就可以用一个解码网络(生成器)来对采样结果进行解码重构了。

最后一个细节就是 VAE 训练的损失函数。VAE 的参数由两个损失函数来训练，一个是重构损失函数，该函数要求解码出来的样本与输入的样本相似(与之前的自编码器相同)；另一个是学习到的隐分布与先验分布的 KL 散度(相对熵)，可以作为一个正则化损失。具体损失函数公式这里不展开细说。以上便是变分自编码器的基本原理和细节。

17.3.3 变分的含义与 VAE 的本质

虽然已基本弄清楚了变分自编码器的基本原理和细节，但是还有一些问题值得我们继续探讨。这个模型的名字叫作变分自编码器，但是介绍到现在，好像也没有碰到变分的概念。所以，下面就来疏理一下变分的含义。

什么是变分？学过泛函分析的读者应该都知道。函数的概念在于变量之间的映射，输入一个数值，返回的也是一个数值。而泛函则是函数的函数，所谓函数的函数，就是输入的是函数，返回的是数值，一般用积分的形式来表示泛函。这是函数与泛函的对比。

另外，函数有微分这一概念。函数的微分就是关于自变量 x 发生变化时对应函数值的变化量。将微分的概念推广到泛函就是变分的含义。所谓变分，就是自变量函数$x(t)$ 发生变化时，对应泛函值的变化量。所以，简单而言，变分就是泛函的微分。微分可以用来求函数的极值，那么相应的变分就可以用来求泛函的极值，研究泛函机制的方法就是所谓的变分法(Variational Method)。

泛函和变分解释清楚了，那 VAE 中好像确实没有用到变分？实际上，VAE 中的变分在于损失函数推导过程中利用了 KL 散度及其性质，而 KL 散度本身则是一个泛函：

$$KL(p(x)\parallel q(x))=\int p(x)\ln\frac{p(x)}{q(x)}\mathrm{d}x \tag{17.3}$$

这就是变分自编码器中变分的含义。

作为自编码器的一种，VAE 有着自己的特殊性，但是其本质并不复杂。正如本讲开头所说的一样，VAE 的思想和框架其实很简单。VAE 本质上就是在常规的自编码器的基础上，对 Encoder的结果(在 VAE 中对应着计算均值的网络)加上了“高斯噪声”，使得结果Decoder能够对噪声有鲁棒性；而那个额外的 KL 损失(目的是让均值为 0，方差为 1)，事实上就是相当于对

Encoder的一个正则项，希望 Encoder 出来的东西均有零均值。而编码计算方差的网络的作用在于动态调节噪声的强度。至此，变分自编码器的基本原理基本上就介绍完了。最后一节内容，再来看一下 Keras 给出的 VAE 实现。

17.4 VAE 的 Keras 实现

本节基于 MNIST 数据集，同样使用 Keras 来展示 VAE 的基本实现过程①。首先导入相关模块，如代码 17.5 所示。

代码 17.5 导入相关模块

```
# 导入相关模块
import numpy as np
import matplotlib.pyplot as plt
import os
from keras.layers import Input, Dense, UpSampling2D
from keras.layers import Conv2D, MaxPooling2D, Lambda
from keras.models import Model
from keras import backend as K
from keras.datasets import mnist
from keras.losses import mse, binary_crossentropy
```

设置相关参数并导入 MNIST 数据集，如代码 17.6 所示。

代码 17.6 设置相关参数并导入 MUIST 数据集

```
# 批次大小
batch_size = 128
# 输入维度
original_dim = 784
# 隐变量维度
latent_dim = 2
# 中间变量维度
intermediate_dim = 512
# 训练轮数
epochs = 50
# 导入 MNIST 数据集并归一化
(x_train, y_train), (x_test, y_test) = mnist.load_data()
image_size = x_train.shape[1]
original_dim = image_size * image_size
x_train = np.reshape(x_train, [-1, original_dim])
x_test = np.reshape(x_test, [-1, original_dim])
```

① 本例来自于 Keras 官方 Blog：https://blog.keras.io。

```
x_train = x_train.astype('float32') / 255
x_test = x_test.astype('float32') / 255
```

定义参数复现技巧函数和抽样层，如代码 17.7 所示。

代码 17.7　定义参数复现技巧函数和抽样层

```
# 定义参数复现技巧函数
def resampling(params):
    # 统计分布参数，即均值和方差
    z_mean, z_log_var = params
    batch = K.shape(z_mean)[0]
    dim = K.int_shape(z_mean)[1]
    epsilon = K.random_normal(shape=(batch, dim))
    return z_mean + K.exp(0.5 * z_log_var) * epsilon
# 重参数层，相当于给输入加入噪声
z = Lambda(resampling, output_shape=(latent_dim,))([z_mean, z_log_var])
```

建立计算均值和方差的编码网络，如代码 17.8 所示。

代码 17.8　计算均值与方差

```
inputs = Input(shape=(original_dim,), name='encoder_input')
x = Dense(intermediate_dim, activation='relu')(inputs)
# 计算 p(Z|X)的均值和方差
z_mean = Dense(latent_dim, name='z_mean')(x)
z_log_var = Dense(latent_dim, name='z_log_var')(x)
# 使用参数复现技巧将抽样结果作为输入
z = Lambda(sampling, output_shape=(latent_dim,), name='z')([z_mean, z_log_var])
# 构建编码模型
encoder = Model(inputs, [z_mean, z_log_var, z], name='encoder')
```

VAE 编码结构如图 17.10 所示。

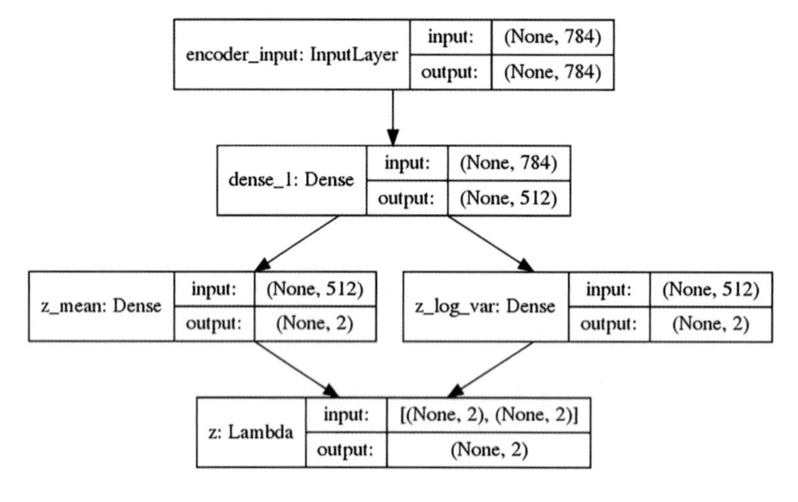

图 17.10　VAE 编码结构

定义模型解码部分，即生成器，如代码 17.9 所示。

代码 17.9　解码生成器

```
# 解码层，即生成器部分
latent_inputs = Input(shape=(latent_dim,), name='z_sampling')
x = Dense(intermediate_dim, activation='relu')(latent_inputs)
outputs = Dense(original_dim, activation='sigmoid')(x)
# 构建解码模型
decoder = Model(latent_inputs, outputs, name='decoder')
```

VAE 解码结构如图 17.11 所示。

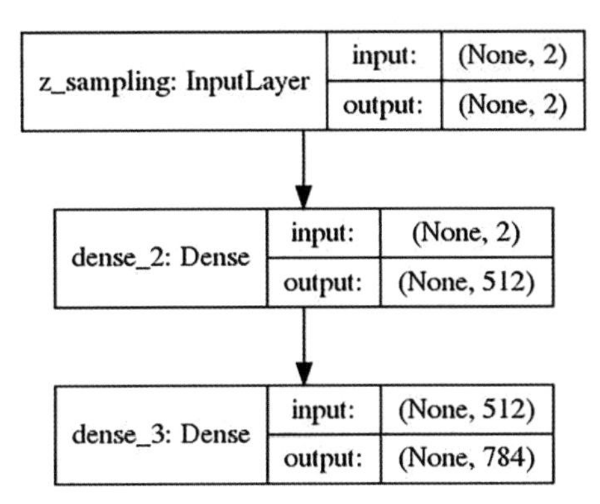

图 17.11　VAE 解码结构

然后基于编码器和解码器构建 VAE 模型，如代码 17.10 所示。

代码 17.10　构建 VAE 模型

```
outputs = decoder(encoder(inputs)[2])
vae = Model(inputs, outputs, name='vae_mlp')
```

最后即可定义 VAE 损失函数并进行训练，如代码 17.11 所示。

代码 17.11　VAE 训练

```
# 测试集数据
data = (x_test, y_test)
# 重构损失，即交叉熵损失
reconstruction_loss = binary_crossentropy(inputs, outputs)
reconstruction_loss *= original_dim
# KL 损失
kl_loss = 1 + z_log_var - K.square(z_mean) - K.exp(z_log_var)
kl_loss = K.sum(kl_loss, axis=-1)
kl_loss *= -0.5
# VAE 损失等于重构 loss + KL loss
vae_loss = K.mean(reconstruction_loss + kl_loss)
vae.add_loss(vae_loss)
vae.compile(optimizer='adam')
```

```
vae.summary()
# 执行训练
vae.fit(x_train,
        epochs=epochs,
        batch_size=batch_size,
        validation_data=(x_test, None))
```

VAE 模型概要如图 17.12 所示。

```
Layer (type)                 Output Shape        Param #     Connected to
==================================================================================================
input_1 (InputLayer)         (None, 784)         0
__________________________________________________________________________________________________
dense_1 (Dense)              (None, 256)         200960      input_1[0][0]
__________________________________________________________________________________________________
dense_2 (Dense)              (None, 2)           514         dense_1[0][0]
__________________________________________________________________________________________________
dense_3 (Dense)              (None, 2)           514         dense_1[0][0]
__________________________________________________________________________________________________
lambda_1 (Lambda)            (None, 2)           0           dense_2[0][0]
                                                             dense_3[0][0]
__________________________________________________________________________________________________
dense_4 (Dense)              (None, 256)         768         lambda_1[0][0]
__________________________________________________________________________________________________
dense_5 (Dense)              (None, 784)         201488      dense_4[0][0]
==================================================================================================
Total params: 404,244
```

图 17.12　VAE 模型概要

VAE 模型训练过程如图 17.13 所示。

```
Train on 60000 samples, validate on 10000 samples
Epoch 1/50
60000/60000 [==============================] - 9s 155us/step - loss: 191.1983 - val_loss: 172.7966
Epoch 2/50
60000/60000 [==============================] - 3s 47us/step - loss: 171.8482 - val_loss: 169.6010
Epoch 3/50
60000/60000 [==============================] - 3s 50us/step - loss: 167.9307 - val_loss: 165.6738
Epoch 4/50
60000/60000 [==============================] - 3s 46us/step - loss: 164.7195 - val_loss: 163.0958
Epoch 5/50
60000/60000 [==============================] - 3s 46us/step - loss: 162.4862 - val_loss: 161.5086
Epoch 6/50
60000/60000 [==============================] - 3s 46us/step - loss: 160.9191 - val_loss: 160.1939
Epoch 7/50
60000/60000 [==============================] - 3s 44us/step - loss: 159.7148 - val_loss: 159.4531
Epoch 8/50
60000/60000 [==============================] - 3s 44us/step - loss: 158.7589 - val_loss: 158.4536
```

图 17.13　VAE 模型训练过程

因为变分编码器是一个生成模型，所以这里可以用它来生成新数字。我们可以从隐平面上采样一些点，然后生成对应的显变量，即 MNIST 的数字。VAE 生成的手写数字如图 17.14 所示。

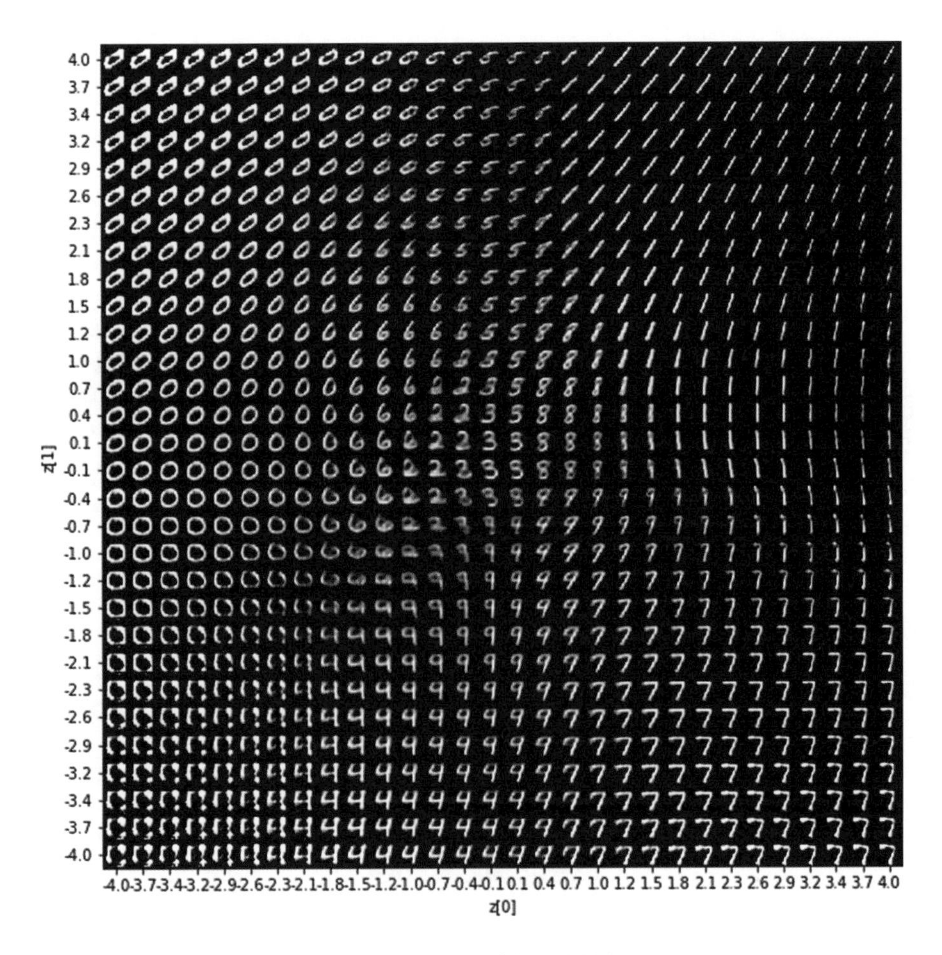

图 17.14　VAE 生成的手写数字

以上便是本讲关于自编码器和变分自编码器的主要内容。

本讲习题

VAE 是当前主流的生成模型之一，但相对来说其生成图像的质量效果并不是非常高。思考：VAE 编码器和解码器的正态假设是否是造成这种相对质量较低的主要原因？

第 18 讲

深度生成模型之生成式对抗网络

深度生成模型有两座大山，除自编码器之外，另一个就是著名的生成式对抗网络（Generative Adversial Networks，GAN）。GAN 的关键在于生成器网络和判别器网络之间的对抗学习。

18.1 GAN

生成式对抗网络自从问世以来就颇受瞩目，相对于变分自编码器，生成式对抗网络既可以学习图像的潜在空间表征，也可以生成与真实图像在统计上几乎无法区分的合成图像。

追本溯源，开创 GAN 的必读论文是 Ian Goodfellow 的 *Generative Adversarial Networks*，Goodfellow 想必大家都很熟悉了，就是那本号称深度学习圣经的“花书”的作者。下面以一个例子作为类比，先来直观地体会一下 GAN 的基本思想。假设一名书法家想伪造一幅王羲之的书法，刚开始，这名书法家对于模仿王羲之的书法并不精通，于是他把模仿的书法和王羲之的真迹放在一起交给另一位行家，这位行家对每一幅书法的真实性都进行了鉴定和评估，并向这名书法家进行反馈：告诉他王羲之书法的特点和精髓，以及如何模仿才像真正的王羲之书法。模仿的书法家根据反馈回去继续研究，并不断给出新的模仿书法。随着时间的推移，模仿者越来越擅长模仿王羲之书法，鉴定者也越来越擅长找出真正的赝品。图 18.1 所示是兰亭集序摹本。

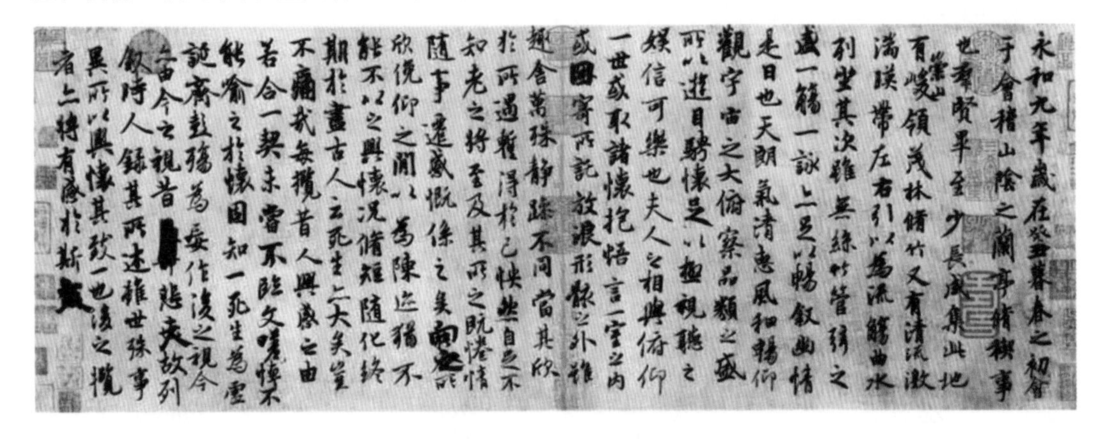

图 18.1 兰亭集序摹本

所以，GAN 的核心思想就在于两个部分：一个是伪造者网络；另一个是鉴定者网络。二者互相对抗，共同演进，在此过程中大家的水平都越来越高，伪造者网络生成的图像就足以达到以假乱真的水平。基于这个思想来看一下 GAN 的原理与细节。

GAN 的基本原理就在于两个网络：G（Generator）和 D（Discriminator），分别是生成器和判别器。生成器网络以一个随机向量作为输入，并将其解码生成一张图像，而判别器网络以一张真实或合成的图像作为输入，并预测该图像是来自真实的图像还是合成的图像。在训练过程中，生成网络 G 的目标就是尽量生成真实的图像去欺骗判别网络 D。而 D 的目标就是尽量把 G 生成的图像和真实的图像分别开来。这样，G 和 D 就构成了一个动态的“博弈过程”。在理想状态下，博弈的结果就是 G 可以生成足以以假乱真的图像 $G(z)$，而此时的 D 难以判定生成的图像到底是真是假,最后得到 $D(G(z))=0.5$ 的结果。这里的理解与博弈论中的零和博弈非常类似,可以说 GAN 借鉴了博弈论中相关的思想和方法。GAN 的基本结构如图 18.2 所示。

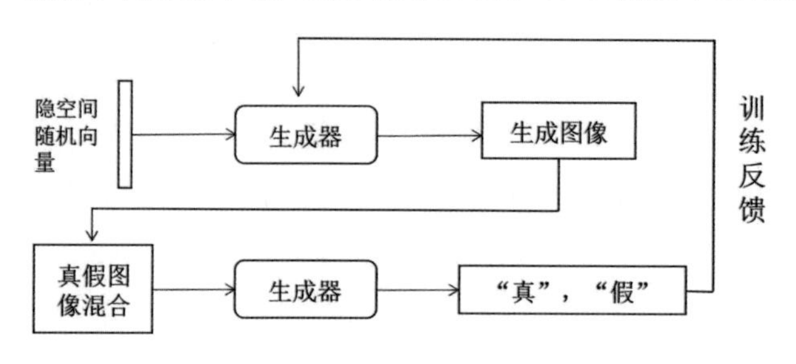

图 18.2 GAN 的基本结构

将上述表述转化为数学语言描述就是:为了学习生成器关于数据 x 上的分布 p_g ,这里定义了输入噪声的先验变量 $p_z(z)$,然后使用 $G(z;\theta_g)$ 来代表数据空间的映射。其中 G 是一个由含有参数 θ_g 的多层感知机表示的可微函数。这里又定义了一个多层感知机 $D(x;\theta_d)$,用来输出一个单独的标量。$D(x)$ 代表 x 来自真实数据分布而不是 p_g 的概率,训练 D 来最大化分配正确标签给不管是来自训练样例还是 G 生成的样例的概率,同时训练 G 来最小化 $\log(1-D(G(Z)))$ 。换句话说,D 和 G 的训练是关于值函数 $V(G,D)$ 极小化极大的二人博弈问题:

$$\min_G \max_D V(D,G)=E_{x\sim p_{\text{data}}(x)}[\log D(x)]+E_{z\sim p_z(z)}[\log(1-D(G(z)))] \tag{18.1}$$

图 18.3 所示是真实数据和生成数据所代表的两个分布在 GAN 训练中的演化过程。

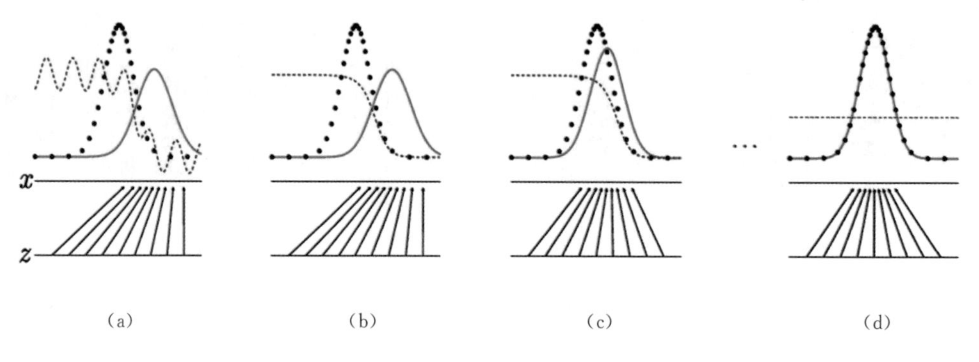

图 18.3 GAN 训练过程中的分布变化

GAN 在训练过程中,同时更新判别分布(D,蓝色虚线)使 D 能区分数据真实分布 p_x(黑色点线)中的样本和生成分布 p_g(G,绿色实线)中的样本。下面的黑色箭头表示生成模型 $x=G(z)$ 如何将分布 p_g 作用在转换后的样本上。可以看到,在经过若干次训练之后,判别分布接近某个稳定点,此时真实分布等于生成分布,即 $p_{\text{data}}=p_g$ 。判别器将无法区分训练数据分布和生成数据分布,即 $D(x)=1/2$。

注意： 生成器和判别器的优化算法都是随机梯度下降。但有个细节需要注意的是，第一步训练 D 时，$V(G,D)$ 越大越好，所以这里是梯度上升(Ascending)；第二步训练 G 时，$V(G,D)$ 越小越好，所以到这里是梯度下降(Descending)。整个训练是一个动态的交替过程。

由前文可知，极小化极大的二人博弈问题的全局最优结果为 $p_{\text{data}}=p_g$，在给定任意生成器 G 的情况下，考虑最优判别器 D。给定任意生成器 G，判别器 D 的训练标准为最大化目标函数 $V(G,D)$：

$$V(G,D)=\int p_{\text{data}}(x)\log(D(x))\mathrm{d}x+\int p_z(z)\log(1-D(g(z)))\mathrm{d}z$$
$$=\int p_{\text{data}}(x)\log(D(x))+p_g(x)\log(1-D(x))\mathrm{d}x \tag{18.2}$$

可以看到，对于任意不为零的(a, b)，函数 $y=a\log(y)+b\log(1-y)$ 在$[0,1]$中的 $a/(a+b)$ 处达到最大值。以上便是生成式对抗网络的基本原理。

18.2 训练一个 DCGAN

自从 GoodFellow 提出 GAN 以后，GAN 就存在着训练困难、生成器和判别器的损失无法指示训练进程、生成样本缺乏多样性等问题。为了解决这些问题，后来的研究者不断推陈出新，以至于现在有着各种各样的 GAN 变体和升级网络。例如，LSGAN、WGAN、WGAN-GP、DRAGAN、CGAN、InfoGAN、ACGAN、EBGAN、BEGAN、DCGAN 及最近号称史上最强图像生成网络的 BigGAN 等。本节选取其中的 DCGAN(深度卷积对抗网络)进行简单讲解，并利用 Keras 进行实现①。

DCGAN 的原始论文为 *Unsupervised Representation Learning with Deep Convolutional Generative Adversarial Networks*，所谓 DCGAN，顾名思义就是生成器和判别器都是深度卷积神经网络的 GAN。DCGAN 的生成器结构如图 18.4 所示。

搭建一个稳健的 DCGAN 要点如下。

(1)所有的池化层使用步长卷积(判别网络)和微步长卷积(生成网络)进行替换。

(2)在生成网络和判别网络上使用批处理规范化。

(3)对于更深的架构移除全连接隐藏层。

(4)除输出层使用 tanh 激活函数之外，在生成网络的其他层上使用 LeakyReLu 激活函数。

(5)在判别网络的所有层上使用 LeakyReLu 激活函数。

---

① Ketkar N. Deep Learning with Python[M]. Berkeley, CA: Apress, 2017.

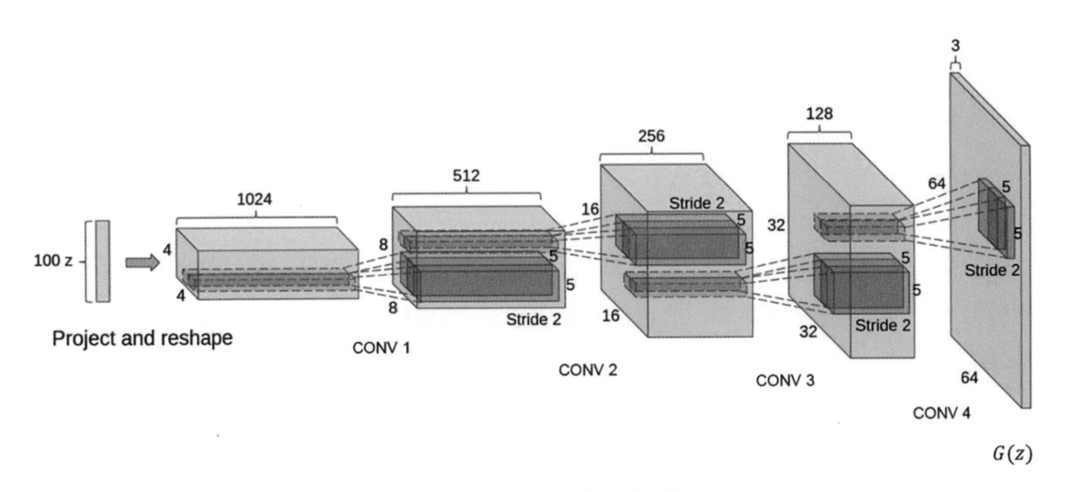

图 18.4　DCGAN 的生成器结构

基于 DCGAN 生成的卧室图片如图 18.5 所示。

图 18.5　基于 DCGAN 生成的卧室图片

下面就基于 Keras 搭建一个 DCGAN。首先导入相关模块和 CIFAR-10 数据集，如代码 18.1所示。

代码 18.1　导入相关模块和 CIFAR-10 数据集

```
# 导入相关模块
from keras.datasets import cifar10
from keras.models import Sequential, Model
from keras.layers import Input, Dense, LeakyReLU, BatchNormalization, ReLU
from keras.layers import Conv2D, Conv2DTranspose, Reshape, Flatten, Dropout
from keras.optimizers import RMSprop
```

```
from keras.preprocessing import image
from keras.utils import np_utils
from keras import backend as K
import numpy as np
import matplotlib.pyplot as plt
import os
# 导入 CIFAR-10 数据集并对图像做归一化处理
(X_train, y_train), (_, _) = cifar10.load_data()
X_train = np.float32(X_train)
X_train /= 255
X_test = np.float32(X_test)
X_test /= 255
```

然后开始编写生成器网络结构，既然是 DCGAN，那么无论是生成器网络还是判别器网络，其主要构成都是卷积层，如代码 18.2 所示。

代码 18.2　搭建生成器网络

```
# 隐空间维度
latent_dim = 32
# 生成器网络
generator = Sequential()
# 全连接-Reshape-LeakyReLU 层
generator.add(Dense(16 * 16 * 128, input_shape=(latent_dim,)))
generator.add(Reshape((16, 16, 128)))
generator.add(LeakyReLU())
# 卷积-LeakyReLU 层
generator.add(Conv2D(256, kernel_size=5, padding='same'))
generator.add(LeakyReLU())
# 转置卷积-批归一化-LeakyReLU 层
generator.add(Conv2DTranspose(256, kernel_size=4, strides=2, padding='same'))
generator.add(BatchNormalization())
generator.add(LeakyReLU())
# 卷积-批归一化-LeakyReLU 层 1
generator.add(Conv2D(256, kernel_size=5, padding='same'))
generator.add(BatchNormalization())
generator.add(LeakyReLU())
# 卷积-批归一化-LeakyReLU 层 2
generator.add(Conv2D(256, kernel_size=5, padding='same'))
generator.add(BatchNormalization())
generator.add(LeakyReLU())
# 卷积层
generator.add(Conv2D(3, kernel_size=7, activation='tanh', padding='same'))
# 生成器模型概要
generator.summary()
```

生成器网络概要如图 18.6 所示。

```
Layer (type)                 Output Shape              Param #
=================================================================
input_1 (InputLayer)         (None, 32)                0
_________________________________________________________________
dense_1 (Dense)              (None, 32768)             1081344
_________________________________________________________________
leaky_re_lu_1 (LeakyReLU)    (None, 32768)             0
_________________________________________________________________
reshape_1 (Reshape)          (None, 16, 16, 128)       0
_________________________________________________________________
conv2d_1 (Conv2D)            (None, 16, 16, 256)       819456
_________________________________________________________________
leaky_re_lu_2 (LeakyReLU)    (None, 16, 16, 256)       0
_________________________________________________________________
conv2d_transpose_1 (Conv2DTr (None, 32, 32, 256)       1048832
_________________________________________________________________
leaky_re_lu_3 (LeakyReLU)    (None, 32, 32, 256)       0
_________________________________________________________________
conv2d_2 (Conv2D)            (None, 32, 32, 256)       1638656
_________________________________________________________________
leaky_re_lu_4 (LeakyReLU)    (None, 32, 32, 256)       0
_________________________________________________________________
conv2d_3 (Conv2D)            (None, 32, 32, 256)       1638656
_________________________________________________________________
leaky_re_lu_5 (LeakyReLU)    (None, 32, 32, 256)       0
_________________________________________________________________
conv2d_4 (Conv2D)            (None, 32, 32, 3)         37635
=================================================================
Total params: 6,264,579
Trainable params: 6,264,579
Non-trainable params: 0
```

图 18.6　生成器网络概要

之后搭建判别器网络，网络结构设计与编码器较为类似，如代码 18.3 所示。

代码 18.3　搭建判别器网络

```
# 输入图像 shape:32*32*3
img_shape = X_train[0].shape
# 判别器网络
discriminator = Sequential()
# 卷积-LeakyReLU 层
discriminator.add(Conv2D(128, kernel_size=3, input_shape=(img_shape)))
discriminator.add(LeakyReLU())
# 卷积-批归一化-LeakyReLU 层 1
discriminator.add(Conv2D(128, kernel_size=4, strides=2))
discriminator.add(BatchNormalization())
discriminator.add(LeakyReLU())
# 卷积-批归一化-LeakyReLU 层 2
discriminator.add(Conv2D(128, kernel_size=4, strides=2))
discriminator.add(BatchNormalization())
discriminator.add(LeakyReLU())
```

```
# 卷积-批归一化-LeakyReLU 层 3
discriminator.add(Conv2D(128, kernel_size=4, strides=2))
discriminator.add(BatchNormalization())
discriminator.add(LeakyReLU())
# 展平-Dropout 层
discriminator.add(Flatten())
discriminator.add(Dropout(0.4))
# 输出层
discriminator.add(Dense(1, activation='sigmoid'))
# 判别器模型概要
discriminator.summary()
```

判别器网络概要如图 18.7 所示。

Layer (type)	Output Shape	Param #
input_2 (InputLayer)	(None, 32, 32, 3)	0
conv2d_5 (Conv2D)	(None, 30, 30, 128)	3584
leaky_re_lu_6 (LeakyReLU)	(None, 30, 30, 128)	0
conv2d_6 (Conv2D)	(None, 14, 14, 128)	262272
leaky_re_lu_7 (LeakyReLU)	(None, 14, 14, 128)	0
conv2d_7 (Conv2D)	(None, 6, 6, 128)	262272
leaky_re_lu_8 (LeakyReLU)	(None, 6, 6, 128)	0
conv2d_8 (Conv2D)	(None, 2, 2, 128)	262272
leaky_re_lu_9 (LeakyReLU)	(None, 2, 2, 128)	0
flatten_1 (Flatten)	(None, 512)	0
dropout_1 (Dropout)	(None, 512)	0
dense_2 (Dense)	(None, 1)	513

Total params: 790,913
Trainable params: 790,913
Non-trainable params: 0

图 18.7 判别器网络概要

最后对判别器网络进行模型编译，并结合生成器搭建 DCGAN 网络。

代码 18.4 搭建 DCGAN 网络

```
# 指定判别器优化器并编译
d_optimizer = RMSprop(lr=0.0008, clipvalue=1.0, decay=1e-8)
discriminator.compile(optimizer=d_optimizer, loss='binary_crossentropy',
                      metrics=['binary_accuracy'])
# 将判别器设定为不参与训练
```

```
discriminator.trainable = False
# 联合生成器和判别器搭建 DCGAN
z = Input(shape=(latent_dim,))
img = generator(z)
discrim = discriminator(img)
gan = Model(inputs=z, outputs=discrim)
# 指定 DCGAN 优化器并编译
g_optimizer = RMSprop(lr=0.0004, clipvalue=1.0, decay=1e-8)
gan.compile(optimizer=optimizer, loss='binary_crossentropy',
            metrics=['binary_accuracy'])
gan.summary()
```

DCGAN 网络概要如图 18.8 所示。

```
Layer (type)                 Output Shape              Param #
=================================================================
input_1 (InputLayer)         (None, 32)                0
_________________________________________________________________
sequential_1 (Sequential)    (None, 32, 32, 3)         6264579
_________________________________________________________________
sequential_2 (Sequential)    (None, 1)                 790913
=================================================================
Total params: 7,055,492
Trainable params: 6,264,579
Non-trainable params: 790,913
_________________________________________________________________
```

图 18.8 DCGAN 网络概要

DCGAN 搭建完成之后,下面使用 CIFAR-10 数据集来进行训练,如代码 18.5 所示。

代码 18.5 基于 CIFAR-10 的 DCGAN 训练

```
# 选择鸟的图像(索引为 2)
X_train = X_train[y_train.flatten()==2]
# reshape
X_train = X_train.reshape((X_train.shape[0],) + (32, 32, 3))
# 指定迭代次数
iter = 5000
# 批次大小
batch_size = 50
start = 0
for step in range(iter):
    # 潜在空间随机采样
    latent_vectors = np.random.normal((batch_size, 32))
    # 解码生成虚假图像
    gen_images = generator.predict(latent_vectors)
    stop = start + batch_size
    real_images = X_train[start: stop]
```

```
    # 将虚假图像和真实图像混合
    combined_images = np.concatenate([gen_images, real_images])
    # 合并标签,区分真实图像和虚假图像
    combined_labels = np.concatenate([np.ones((batch_size, 1)), np.zeros((batch_size, 1))])
    # 向标签中添加随机噪声
    combined_labels += 0.06 * np.random.random(combined_labels.shape)
    # 训练判别器
    d_loss = discriminator.train_on_batch(combined_images, combined_labels)
    # 潜在空间随机采样
    latent_vectors = np.random.normal((batch_size, 32))
    # 合并标签,以假乱真
    misleading_labels = np.zeros((batch_size, 1))
    # 通过 GAN 模型来训练生成器模型,冻结判别器模型权重
    g_loss = gan.train_on_batch(latent_vectors, misleading_labels)
    start += batch_size
    if start > len(X_train) - batch_size:
        start = 0
    # 每 500 次迭代绘图并保存
    if step % 500 == 0:
        # 分别打印判别器和生成器损失
        print('discriminator loss:', d_loss)
        print('adversarial loss:', g_loss)
        # 分别保存真实图像和模型生成图像
        img = image.array_to_img(gen_images[0] * 255., scale=False)
        img.save(os.path.join('./' + 'gens', str(step) + '.png'))
        img = image.array_to_img(real_images[0] * 255., scale=False)
        img.save(os.path.join('./' + 'reals', str(step) + '.png'))
```

训练过程如图 18.9 所示。

```
Downloading data from https://www.cs.toronto.edu/~kriz/cifar-10-python.tar.gz
170500096/170498071 [==============================] - 181s 1us/step
discriminator loss: 0.6801595
adversarial loss: 0.6493613
discriminator loss: 0.6847021
adversarial loss: 0.7275537
discriminator loss: 0.68911207
adversarial loss: 0.7773069
discriminator loss: 0.6987127
adversarial loss: 0.76678115
discriminator loss: 0.688375
adversarial loss: 0.76467085
discriminator loss: 0.6898959
adversarial loss: 0.7631041
discriminator loss: 0.68867546
adversarial loss: 0.6862062
discriminator loss: 0.80288523
adversarial loss: 0.79454386
discriminator loss: 0.69923276
```

图 18.9 训练过程

DCGAN 生成的小鸟图片和真实图片混在一起如图 18.10 所示，能否辨别出哪张是真实样本，哪张是 DCGAN 生成的样本？

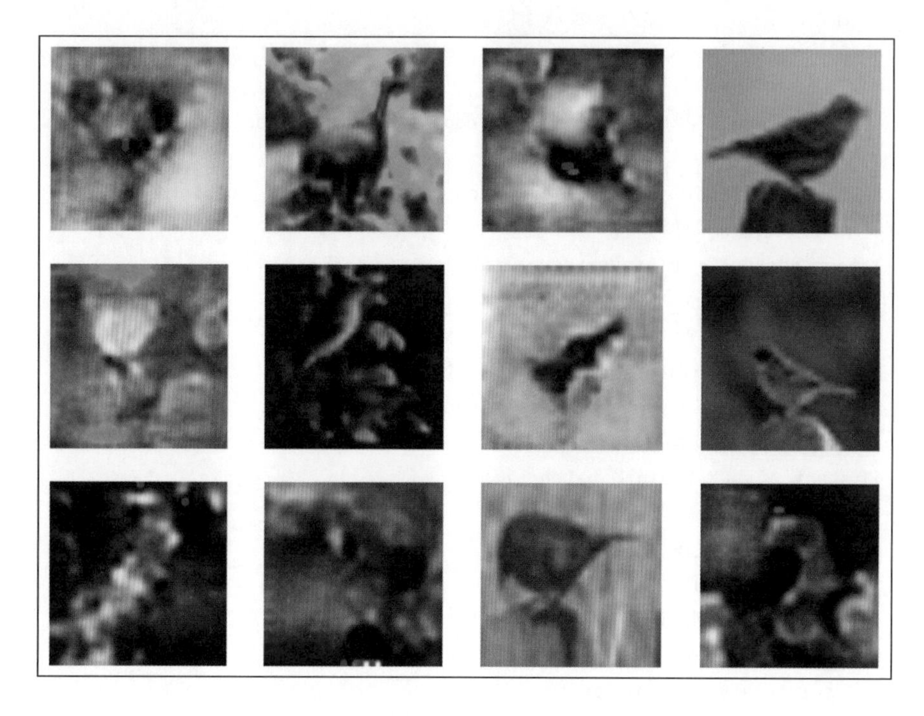

图 18.10 基于 CIFAR-10 的 DCGAN 效果

受限于 CIFAR-10 数据集本身的低像素性，DCGAN 生成出来的图像虽然也很模糊，但是基本上可以达到以假乱真的水平。在图 18.10 中，按行第 2、第 4、第 6 和第 8 张图片是真实样本，其余都是 DCGAN 伪造出来的小鸟图片。

本讲习题

参照本讲实验尝试使用 Fashion-MNIST 数据集训练一个 DCGAN，并思考训练一个 GAN 都存在哪些困难点。

第 19 讲

神经风格迁移、深度强化学习与胶囊网络

深度学习除主流的应用之外，还有一些有意思的研究方向，神经风格迁移正是这样一种应用之一。 传统的强化学习加上神经网络与深度学习之后，也正焕发出一种特殊的活力。 深度学习表征技术除 CNN 之外，是否有其他的探索可能？ 胶囊网络正是这样一种另辟蹊径的尝试。 作为深度学习的一个延伸性应用，本讲将分别对神经风格迁移、深度强化学习和胶囊网络做简要的了解。

19.1 神经风格迁移

所谓图像的神经风格迁移(Neural Style Transfer),是指在给定图像 A 和图像 B 的情况下,通过神经网络将这两张图像转化为 C,且 C 同时具有图像 A 的内容和图像 B 的风格。例如,图 19.1左边两张输入图像:一张图像是长城,另一张图像是黄公望的《富春山居图》的一部分,第一张图像的长城内容和第二张图像的山水画风格,通过神经网络进行风格迁移之后得到了一幅具有山水画风格的图像,如图 19.1 所示。

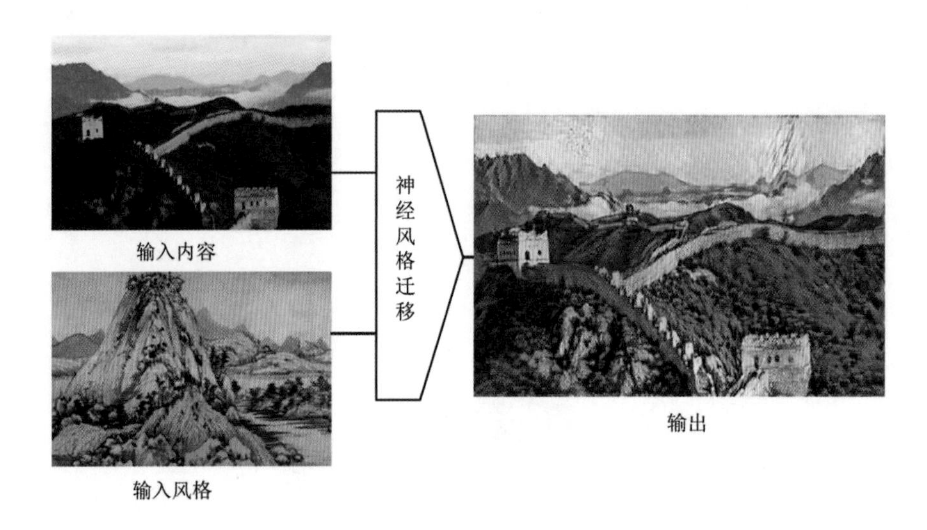

图 19.1　神经风格迁移

下面通过神经风格迁移领域的一篇经典论文来简单了解一下该领域的一些应用。神经风格迁移领域相对较早的一篇论文为 Gatys 等人发表的 *A Neural Algorithm of Artistic Style*,其中系统地阐述了神经风格迁移的主要思想和原理。神经风格迁移的理念认为图像的内容和风格是可以通过神经网络学习分离开来。同样以图像 A、B 和 C 为例,神经风格迁移的主要思想如下:图像 C 保留图像 A 的内容,或者说是图像 A 的语义。这个对于神经网络来说并不困难,各种深度卷积网络都可以较好地实现图像 A 到 C 的语义编码。

图像 C 具备图像 B 的风格。风格不像是图像语义,风格是一个整体或全局的概念,一般来说很难把握,在 Gatys 等人的设计中,考虑了使用图像特征之间的 Gram 矩阵来衡量图像特征的相关性。所谓图像的 Gram 矩阵,就是每个图像特征之间的内积所构成的矩阵。Gram 矩阵表示如式(19.1)所示。

$$\boldsymbol{G}(x_1,\cdots,x_n)=\begin{bmatrix}\langle x_1,x_1\rangle & \cdots & \langle x_1,x_n\rangle \\ \vdots & \ddots & \vdots \\ \langle x_n,x_1\rangle & \cdots & \langle x_n,x_n\rangle\end{bmatrix} \tag{19.1}$$

具体来说，这里可以先选取一个经过 ImageNet 训练好的预训练卷积网络，如 VGG16、Inception或 ResNet 等，下面以 VGG16 为例进行说明。假设图像 X 输入 VGG16 网络之后，第 m 层的输出有 N_m 个通道，每个通道有 M_m 个像素。定义 X_{ik} 为第 i 个通道在第 k 个像素上的值，则图像 A 和 C 之间的内容损失可定义为

$$L_{\text{content}}(A,C,m)=\frac{1}{2}\sum_{ik}(A_{ik}^{m}-C_{ik}^{m})^2 \tag{19.2}$$

然后是风格损失。因为风格损失是基于 Gram 矩阵的，所以先要给出 Gram 矩阵的计算公式，即

$$x_{ij}^{m}=\sum_{k}X_{ik}^{m}\cdot X_{jk}^{m} \tag{19.3}$$

基于 Gram 矩阵的风格损失定义如下。

$$L_{\text{style}}(B,C,m)=\frac{1}{4N_m^2M_m^2}\sum_{ij}(B_{ij}^{m}-C_{ik}^{m})^2 \tag{19.4}$$

可以看到，风格损失是基于图像整体的，与具体像素 k 无关，所以最终整个风格迁移的损失函数可以定义为

$$L(A,B,C)=\alpha\left(\sum v_m L_{\text{content}}(A,C,m)\right)+\beta\left(\sum w_m L_{\text{style}}(B,C,m)\right) \tag{19.5}$$

其中权重 α 和 β 决定了内容和风格之间的平衡，v_m 和 w_m 则决定了不同层次之间的平衡。图 19.2描述了基于 CNN 的神经风格迁移过程。图 19.2 中输入下方的建筑图像用于内容重建、上方的星空图像用于风格重建，内容重建是通过常规的卷积网络进行特征提取，风格重建则是通过 Gram 矩阵计算 CNN 不同网络层、不同像素之间的相关性。

图 19.3 所示是基于上述思想实现的一幅莫奈星空图风格的宠物狗内容迁移图。可以看到，一条“萌萌哒”的宠物狗经过暗色的星空图风格迁移后顿时变得“骇人”。

综上所述，可以看出整个图像风格迁移的过程与正常的神经网络优化过程还是有区别的，在神经风格迁移中，卷积网络的参数是经过预训练之后的参数，是一个固定值，实际能做的是调整输入以最小化损失函数。若想对神经风格迁移有一个相对全面性的了解，可以参考 *Neural Style Transfer：A Review* 这篇综述论文，该论文给出了该领域详尽的方法和应用。

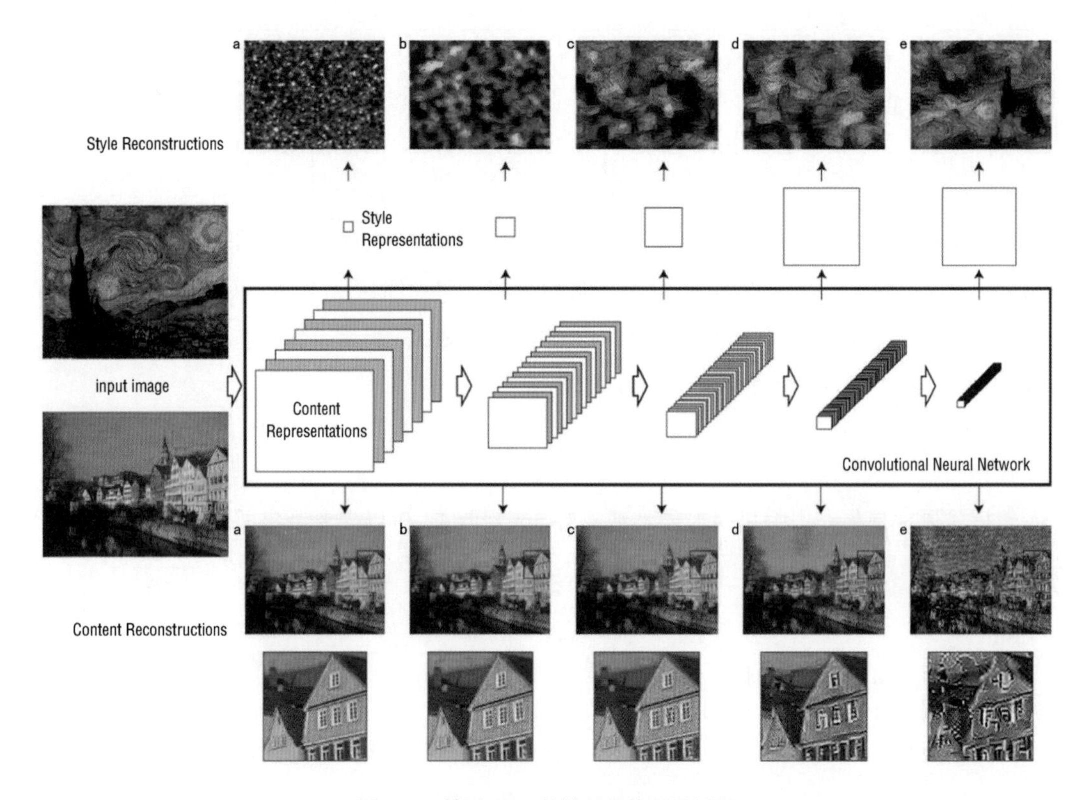

图 19.2 基于 CNN 的神经风格迁移过程

图 19.3 莫奈星空图风格的宠物狗内容迁移图

19.2 深度强化学习

从整个机器学习的任务划分上来看,机器学习可以分为有监督学习、无监督学习和半监督学习及强化学习,而之前一直谈论的图像、文本等深度学习的应用都属于有监督学习范畴。自编码器和生成式对抗网络可以算在无监督深度学习范畴内。最后就剩下强化学习了。但是本书是深度学习的笔记,为什么要把强化学习单独拿出来介绍呢?这是由于强化学习发展到现在,早已结合了神经网络迸发出新的活力,强化学习结合深度学习已经形成了深度强化学习(Deep Reinforcement Learning, DRL)这样的新领域。正是因为强化学习和深度学习之间的关系及其本身是作为人工智能的一个重要方向，所以为了知识系统的完整性，这里用一节的内容简单描述一下强化学习。

强化学习是一种关于序列决策的工具，在许多领域中都有研究，如博弈论、控制论、运筹学、信息论、仿真优化、多主体系统学习、群体智能、统计学及遗传算法等领域。具体而言，就是描述决策主体如何基于环境而行动以获取收益最大化的问题。强化学习一个最典型的例子就是此前击败李世石和柯洁的阿尔法围棋（AlphaGo），其实现下棋并战胜人类的背后技术原理就是深度强化学习。如图 19.4 所示，（a）和（b）分别是 AlphaGo 的价值网络（Value Network）和策略网络（Policy Network）。

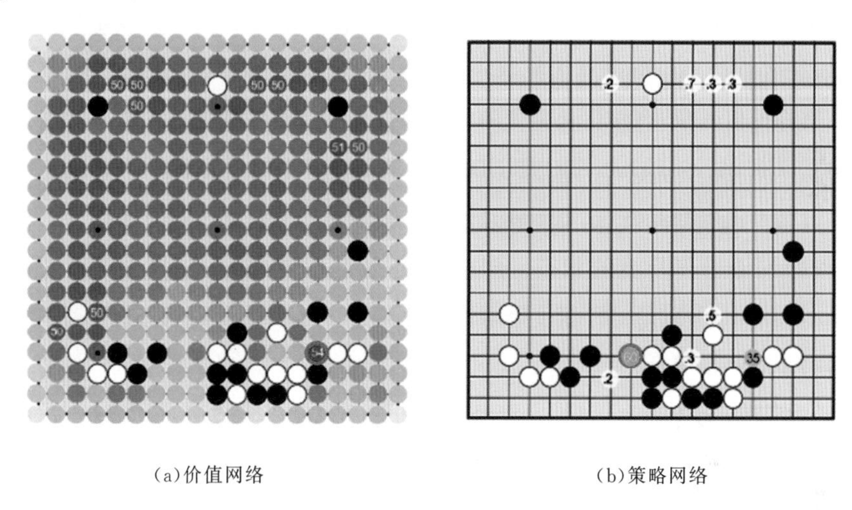

（a）价值网络　　（b）策略网络

图 19.4　AlphaGo 的价值网络和策略网络

笼统地说了这么多，还没有对强化学习进行具体的解释。简单来说，强化学习就是让计算机在环境中学习。在环境中，机器的每个行为（Action）都会给定相应的奖励（Reward），机器通过对这些数据进行学习来决定之后的决策。这其实非常符合人类的经验学习方式。例如，当我们还是一个懵懂无知的小孩子时，第一次看见火，走到火边，感受到了温暖，这时火给我们带来的是正反馈（奖励为正）；后来尝试用手想要去摸一下火，然后我们就被烫伤了，这时火给我们带来的是负反馈（奖励为负）。于是我们知道了，离火稍微远一点会带来温暖，离得太近则会被烫伤。这种与环境交互式的学习方式正是强化学习的核心思想。

下面用数学语言来描述一下基于环境交互的强化学习过程。在每一个时间 t ，主体接收到一个观测 S_t ，其中包含奖励 R_t 。然后它从允许的动作集合中选择一个动作 A_t ，再传递到环境中去。环境则变化到一个新的状态 S_{t+1} ，然后 S_{t+1} 又和 S_t 、A_t 共同决定了相关联的奖励 R_{t+1} 。在强化学习中，主体的目标是得到尽可能多的奖励。主体选择的动作是其历史的函数，当然它也可以选择随机的动作。所以，可以看到状态（State）、动作（Action）和奖励（Reward）是强化学习的 3 个核心概念。状态、动作和奖励之间的关系如图 19.5 所示。

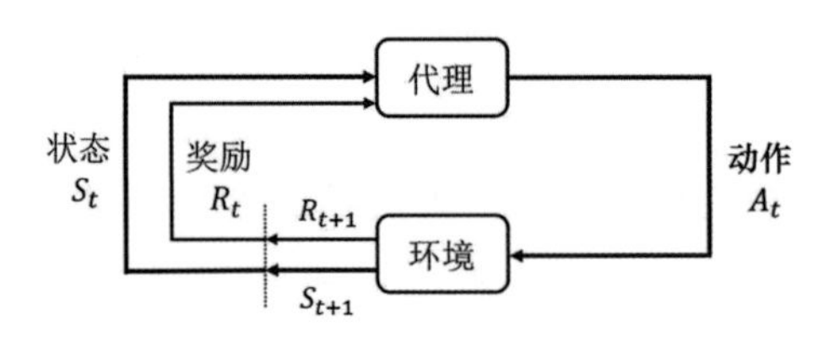

图 19.5 状态、动作和奖励之间的关系

接下来是强化学习的基本方法。在深度学习介入强化学习之前，传统的强化学习包括 3 种主要方法，分别是基于价值（Value-Based）、基于策略（Policy-Based）和基于模型（Model-Based）的方法。基于价值的强化学习方法会基于一个价值函数计算主体在每个状态下未来奖励的最大预期值，如著名的 Q-Learning 算法就是一种基于价值的强化学习方法。而基于策略的强化学习方法会摒弃价值函数，直接优化主体的策略函数 $\pi(s)$，将主体的每一状态和当前状态下的最佳行为建立联系，Actor-Critic、A3C 和 DDPG 等就是基于策略的强化学习方法。策略也可以分为确定性策略和随机性策略，这里不展开叙述。基于模型的强化学习方法则是要对环境进行建模，其中需要知道很多环境的状态。例如，状态转移矩阵，像马尔科夫决策过程（Markov Decision Process, MDP）就是一种基于模型的强化学习方法。限于篇幅，关于这 3 种传统强化学习方法本书不做过多展开。

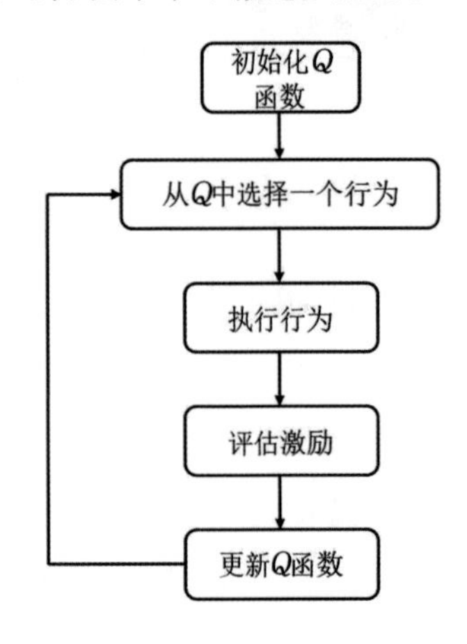

图 19.6 Q-Learning 算法的流程

神经网络和深度学习兴起之后，很自然地就被引入强化学习领域。DRL 的一个经典例子就是深度 Q 网络（Deep Q-Learning Network, DQN），下面先简单描述一下 Q-Learning 算法的整体思路。在给定状态、行为、Q 值和奖励等概念的情况下，先初始化一个 Q 值的 Q-Table，然后对每一个 episode（片段）重复执行每一步：根据状态 S 来选取要执行的行为，然后观察奖励和新的状态，根据 Q 函数更新公式进行更新。至于为什么叫 Q-Learning，大概是因为其本身是一种依靠 Q 函数来寻找最优的动作-状态决策的。Q-Learning 算法的流程如图 19.6所示。

可以看到，这里在初始化 Q 值时使用了一个 Q-Table来存储 Q 值，这样做无疑非常方便。但在问题非常复杂且有无数多个状态和行为时，如果还用表格来存储 Q 值恐怕是不行的。一是内存不够，二是在巨大表格里搜索状态会非常耗时。所以，当问题复杂到 Q-Table 难以表示的时候，就可以用一个价值近似函数来表示 $Q(S,A)$。带有参数的价值近似函数为

$$Q(S,A)=f(s,a,w) \tag{19.6}$$

既然价值近似函数没有固定的形式，那么就可以直接用神经网络来表示它。这就是强化学

习与深度学习进行结合的第一步，也是最重要的一步。到这里，传统的 Q-Learning 算法中的 Q 值就成了 Q 网络。Q-Learning 算法这种通过神经网络来表示 $Q(S,A)$ 的方式，发展到现在就成了著名的 DQN。例如，图 19.7 所示的 DQN 通过卷积层和全连接层将输入转化为包含每一个动作 Q 值的向量。

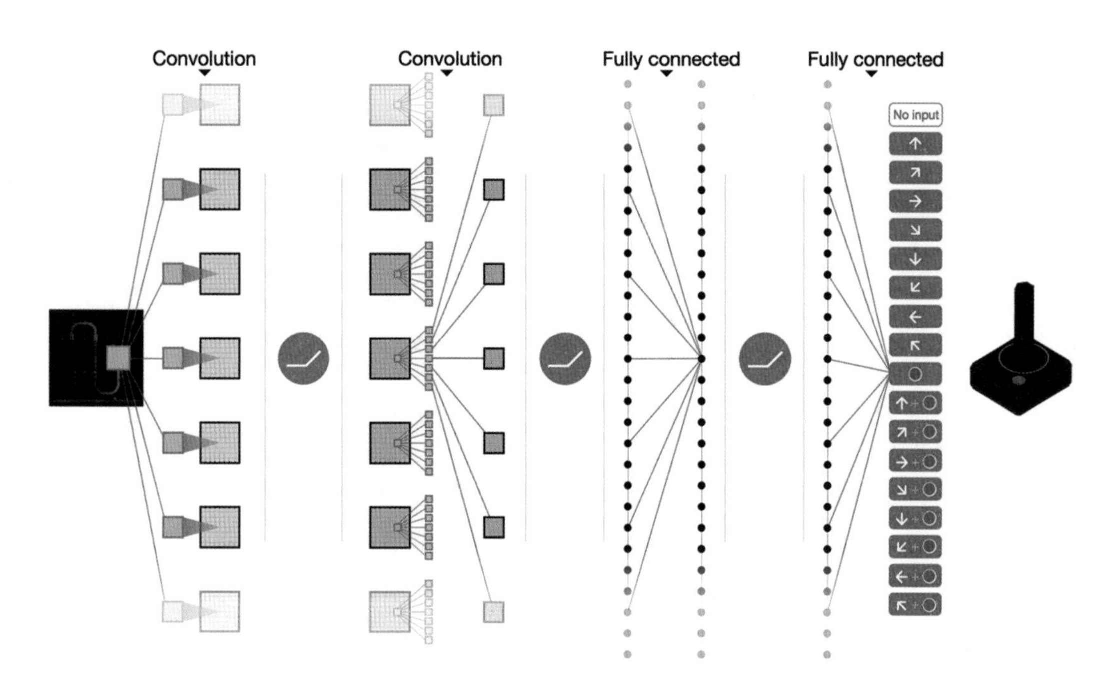

图 19.7 通过神经网络表征的 Q 向量

那么下面的一个关键问题是：如何训练这样一个深度 Q 网络？由前文 DNN、CNN、RNN 等网络介绍可知，可以通过反向传播算法来优化一个损失函数，使得神经网络的损失最小化。这里的问题在于目前只知道输入数据，但不知道 Q 网络的输出标签是什么，作为一个有监督学习问题，没有标签肯定是无法进行神经网络的训练的。因此，问题就变成了如何给 Q 网络提供训练标签，答案就在于 Q-Learning 算法。前面介绍了很多神经网络与 Q-Learning 的结合，在这里就都体现出来了。在 Q-Learning 算法中，Q 值的更新是依靠奖励值 R 和根据 Q 计算出来的目标 Q 值。所以，可以直接把目标 Q-Learning 计算得到的 Q 值作为神经网络的训练标签，最后得到 Q 网络的损失函数为

$$L(w)=E[(r+\gamma \max_{a'} Q(s',a',w)-Q(s,a,w))^2] \tag{19.7}$$

这样一来，DQN 的训练数据和标签、损失函数都具体化了，接下来就是如何训练的问题了。直接按照常规神经网络的方式来训练深度 Q 网络得到每个状态的最优解当然可以，但实际情况要相对麻烦一些。一般来说，使用非线性函数得到近似的 Q 值非常不稳定，要训练使得整个网络真正达到收敛需要一些专门的技巧。其中一个重要的技巧就是 Experience Replay，可以译

为经验回放。简单来说，经验回放就是如何存储训练过程中的样本及如何在训练中进行实时采样的问题。关于更多细节的问题，感兴趣的读者可以研读 DQN 的相关论文，这里不做详细展开。

19.3 胶囊网络

卷积神经网络在深度学习和计算机视觉应用中都有着举足轻重的地位，可以说 CNN 是目前深度学习的主流方法。在 CNN 这样普遍化的工业应用之后，也许你会思考，我们能否更进一步，构造出性能超越 CNN 的网络结构？解铃还须系铃人，当年提出 CNN 的 Geoffrey Hinton 经过多年研究，在 2017 年 11 月提出了著名的胶囊网络(Capsule Nets)，并在 MNIST 数据集识别任务上取得了迄今为止最优的成绩。作为一个延伸性主题，本书也对胶囊网络进行一个简单的介绍。

我们都知道在 CNN 中池化层是一个伟大的发明，数据经过池化层这样一个下采样过程的处理，能够缩小信息冗余，让网络处理更加有效的信息。但池化层也有缺点，如最大池化处理，丢失了数据中很多有效的信息，降低了图像的空间分辨率。最明显的例子就是 CNN 很难分辨出两张有着细微差别的输入图像。例如，在图 19.8 中 CNN 很难察觉出这只狗是在图像的左边还是右边。

(a)

(b)

图 19.8 不同位置的狗

再如，CNN 识别一张人脸的要素在于两只眼睛、一张嘴巴和一个鼻子，只要输入图像中有这些元素，CNN 都会将其识别为人脸。例如，图 19.9(b)中的毕加索风格的人脸，CNN 也会准确无误的将其识别出来，而不会在乎构成人脸的鼻子、眼睛之间是以怎样的一种结构来组成的。

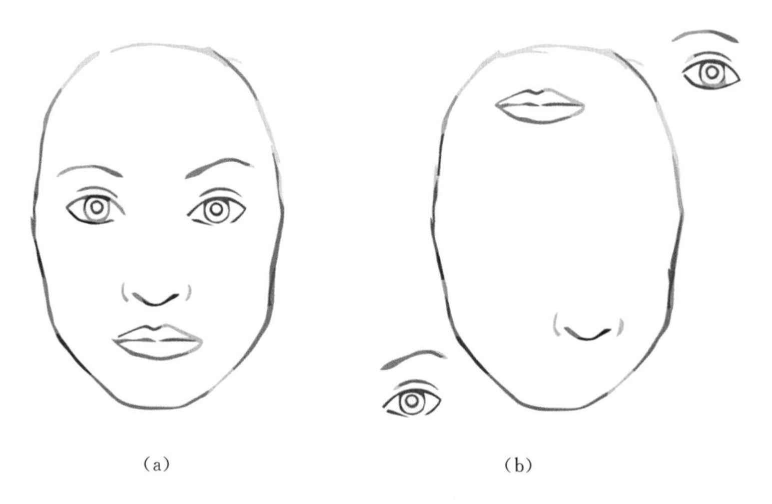

图 19.9 变形的人脸

从 CNN 的角度来看，鼻子歪或眼睛长到嘴巴上去对于整张图像来说只是微小的变化，不会影响它对输出的判断。Hinton 认为，在识别图像时，人类神经元是按照一种二叉决策树的形式自上而下地进行判断来识别图像的，而 CNN 则是通过一层层的网络进行信息过滤和提取、集成和抽象来识别图像的，这就是 CNN 与人类神经元的最大区别，如图 19.10 所示。

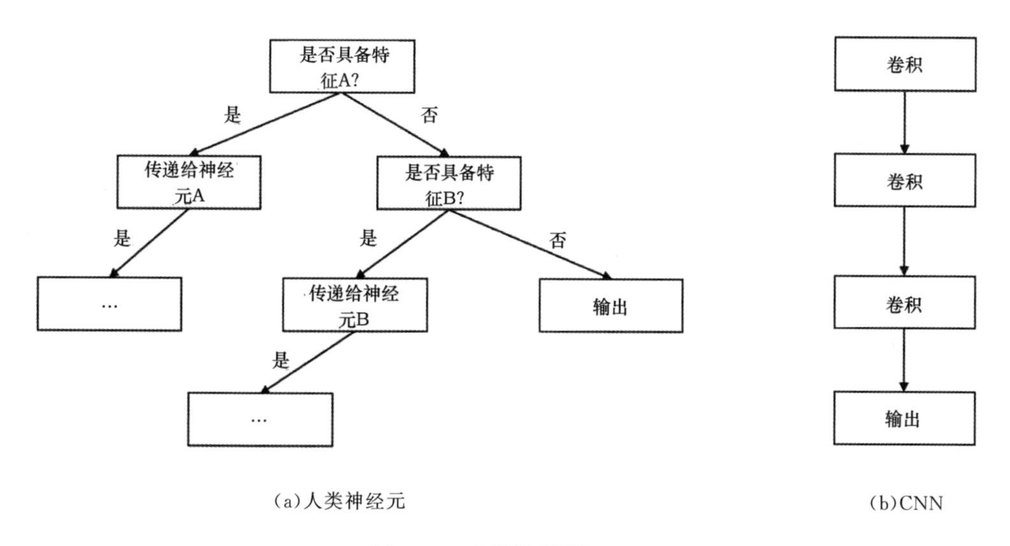

图 19.10 人类神经元与 CNN

所以，总体来说，CNN 最大的问题在于其网络内部的各神经元是平等的，没有具体的组织结构能够让 CNN 来识别出同一张图像内容的不同位置表示。CNN 的这些缺点，正是胶囊网络要做的。2017 年 11 月，由 Sara Sabour、Nicholas Frosst 和 Geoffrey Hinton 共同发表了一篇名为*Dynamic Routing Between Capsules* 的论文，这篇论文提出了一种新的、不同于此前的 CNN 网络架构的胶囊网络结构，论文一经公开，就在深度学习界引起不小的反响和讨论。

那么究竟什么是胶囊网络呢？简而言之，就是组成胶囊网络的基本元素是一个个的胶囊，而不是神经网络中的神经元。那胶囊又是什么呢？其实，胶囊依然是由一组神经元构成的，说到底，胶囊网络的最基本单元还是神经元，但是 Hinton 规定胶囊就是胶囊网络的最小单元。构成每个胶囊的这样一组神经元，它会学习检测给定区域（如一个八边形区域）图像的特定目标，输出一个向量（如一个八维向量），向量的长度代表目标存在的概率估计，而且它对姿态参数进行（如精确的位置、旋转等）定向编码（如 8D 空间）。如果对象有轻微的变化（如移位、旋转、改变大小等），那么胶囊将输出相同长度但方向略有不同的向量，因而胶囊追求的是等变化（Equivariance），而对应的不能察觉出这种轻微变化的 CNN 追求的则是不变性（Invariance）。胶囊与传统神经元的区别如表 19.1 所示。

表 19.1　胶囊与传统神经元的区别

<table>
<tr><th>特征点比较</th><th>胶囊</th><th colspan="2">传统神经元</th></tr>
<tr><td>浅层输入</td><td>vector ($\boldsymbol{u}_i$)</td><td colspan="2">scalar (x_i)</td></tr>
<tr><td rowspan="3">计算操作</td><td>仿射变换</td><td>$u_{j|i} = w_{ij}\boldsymbol{u}_i$</td><td>—</td></tr>
<tr><td>加权求和</td><td>$s_j = \sum_i c_{ij} u_{j|i}$</td><td>$a_j = \sum_{i=1}^{3} w_i x_i + b$</td></tr>
<tr><td>非线性激活</td><td>$\boldsymbol{v}_j = \frac{\| s_j \|^2}{1 + \| s_j \|^2} \cdot \frac{s_j}{\| s_j \|}$</td><td>$h_{w,b}(x) = f(a_j)$</td></tr>
<tr><td>输出</td><td>vector ($\boldsymbol{v}_j$)</td><td colspan="2">scalar (h)</td></tr>
</table>

与神经网络一样，胶囊网络同样具有层的概念，一个胶囊网络由多个胶囊层构成，最开始的胶囊层可以称为基本胶囊层，基本胶囊层直接接受小区域图像作为输入，假设它试图检测一个特定的对象和姿势，如一个矩阵或三角形。而在此之上更高的胶囊称为路由胶囊（Routing Capsule），路由胶囊用来检测更为复杂的或更大的物体。

基本胶囊层是卷积层来实现的，但路由胶囊层就不一样了，这也正是整个胶囊网络的特殊之处。路由胶囊层采用了一种叫作 routing-by-agreement（路由协议）的算法来检测物体对及其姿态。下面用一个例子来说明胶囊网络。假设有两种基本胶囊：一种是矩形胶囊，另一种是三角形胶囊，假设它们都发现了要检索的东西，矩形和三角形都可以是房子或船的一部分。给定矩形的姿态，它会稍微向右旋转，房子和船也会稍微向右旋转。考虑到三角形的位置，房子几乎是上下颠倒的，而船会稍微向右旋转。形状和整体与部分的关系都是在训练中学习的。矩形和三角形在船的姿势上是一致的，而在房子的姿势上是完全不同的。所以矩形和三角形很可能是同一条船的一部分，而不是房子。胶囊网络的路由协议如图 19.11 所示。

既然矩形和三角形是船的一部分，那么矩形胶囊和三角形胶囊的输出也就只关注船胶囊，

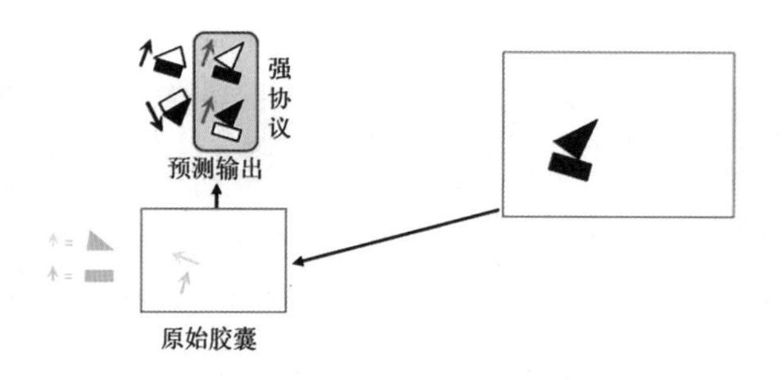

图 19.11　胶囊网络的路由协议

所以就没有必要发送这些输出到任何其他胶囊，这就是路由协议在这个例子上的含义。一个三层胶囊构成的胶囊网络结构如图 19.12 所示。

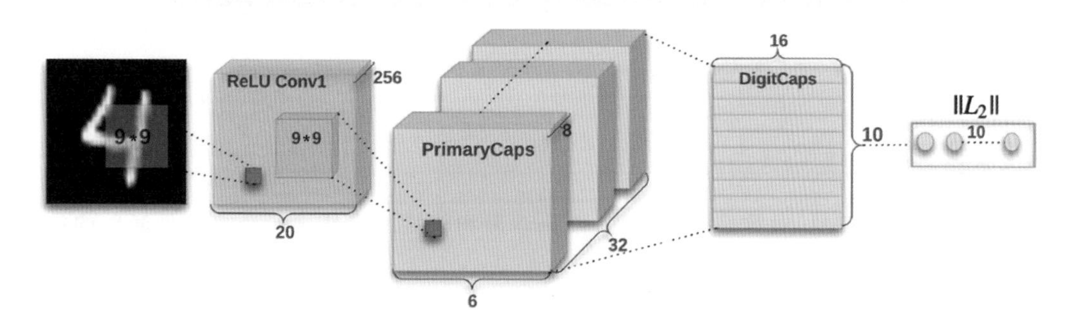

图 19.12　胶囊网络结构

图 19.13 所示是胶囊网络在 MNIST 数据集上的效果，包括缩放、局部特征、厚度、局部倾斜、宽度等多个维度的刻画。

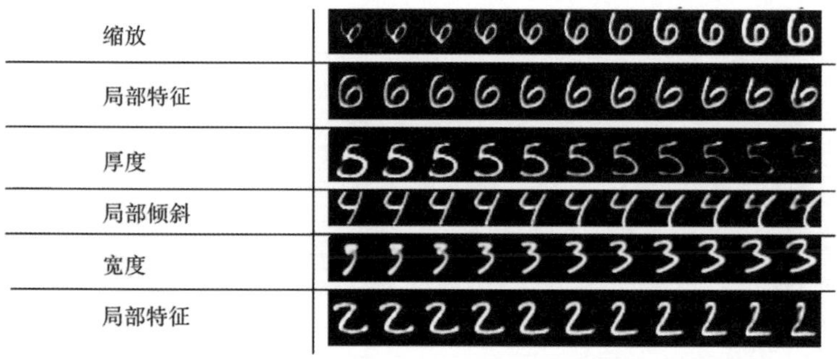

缩放
局部特征
厚度
局部倾斜
宽度
局部特征

图 19.13　胶囊网络在 MNIST 数据集上的效果

胶囊网络在 MNIST 数据集识别任务上达到了 99.75％的准确率，可以说是创造了 MNIST 数据集识别任务的历史新高。在 MNIST 重叠数字识别上，胶囊网络也能够很好地区分出重叠的数字，具体如图 19.14 所示。

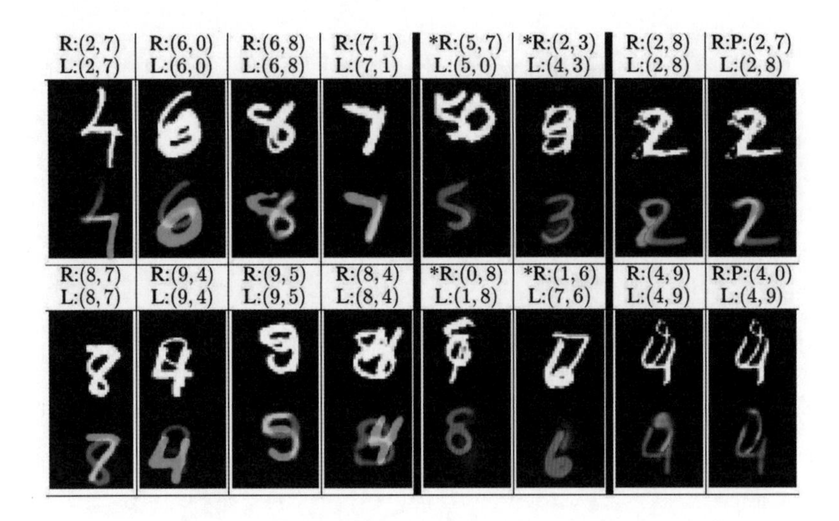

图 19.14　胶囊网络在 MNIST 重叠数字上的效果

本讲习题

查找相关论文资料，对神经风格迁移、强化学习和胶囊网络任选一个方向做简单的技术综述。

第 20 讲

深度学习框架

目前有很多优秀的深度学习框架，如谷歌的 TensorFlow，微软的 CNTK，伯克利视觉和学习中心开发的 Caffe，以及近年来颇受欢迎的 PyTorch和极易上手的 Keras，还有百度的飞桨（PaddlePaddle）。本讲将对目前较为热门的 TensorFlow、Keras 和 PyTorch 这三大深度学习框架进行简单的介绍。

20.1 概述

下面先来看一张柱状图,图 20.1 展示了 2019 年各主要深度学习框架的综合得分排名情况。

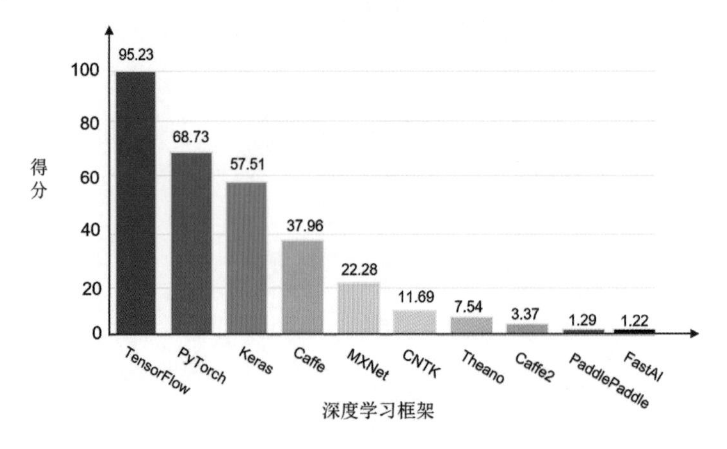

图 20.1　2019 年各主要深度学习框架的综合得分排名情况

从图 20.1 中可以看出,TensorFlow、PyTorch 和 Keras 这 3 种框架分别位于排行榜前三位,其他小众框架则影响力微弱。例如,Theano 虽然历史悠久,但是开发团队早已停止开发和维护;MXNet 虽然不错,亚马逊也在用,但是相较于前三个确实小众了很多;CNTK 是微软推出的深度学习计算框架,但一直以来所获得的关注度也很有限;至于 Caffe,其本身是用 C++ 编写,也提供了 Python 接口,但最新的更新 Caffe2 已被整合到 PyTorch 中,所以直接用 PyTorch 替代即可。正是由于上述原因,所以这里选择 TensorFlow、Keras 和 PyTorch 作为主要的框架进行介绍。主流深度学习框架如图 20.2 所示。

图 20.2　主流深度学习框架

对于初次踏入深度学习领域的人员而言,选择哪种计算框架是一个值得思考的问题,包括笔者也有这样的疑问。以笔者经验来看,如果一定要选出一个框架作为你的深度学习入门工具,那么建议选择 Keras,Keras 具备搭建神经网络各个零部件高度集成的 API,并且对新手非常友好,基于 Keras 进行一次快速的深度学习试验几乎是分分钟的事情。相对熟练之后笔者建议不要继续停留在 Keras 的舒适区,而应该继续学习其他计算框架,无论是流行度第一的 TensorFlow还是异军突起的 PyTorch,最好都要学习。

所以,对于框架而言,笔者的建议是:先选择 Keras 作为入门,熟练之后直接学习 TensorFlow和 PyTorch,理论结合实践,多动手,相信对于学习深度学习而言,工具不会是大问题。下面就分别介绍一下 TensorFlow、Keras 和 PyTorch 这三大深度学习计算框架。

20.2 TensorFlow

作为 Google 开发维护的深度学习工具,TensorFlow 应该是目前最为流行和使用率最高的深度学习计算框架了。它是用 C++/Python 编写的,提供 Python、R、Java、Go 和 JavaScript API。TensorFlow 使用静态计算图,尽管最近发布的 TensorFlow Fold 库也增加了对动态图的支持。此外,从版本 1.7 开始,TensorFlow 在动态执行方面采取了不同的步骤,并实现了可以立即评估 Python 代码的急切执行,而无须构建图形。图 20.3 所示是 TensorFlow 中文网主页。

图 20.3　TensorFlow 中文网主页

另外,TensorFlow 也有着非常好的社区环境支持,即可以轻易地从网上找到很多有关 TensorFlow的使用教程、视频,在线课程和教程等。除纯粹的计算功能之外,TensorFlow 还提供了 TensorBoard 这样的可视化性能监控工具,它可以显示计算图,绘制关于模型训练或推理执行的量化指标,并基本上可以提供调试和微调深度神经网络所需的各种信息。图 20.4 所示是TensorBoard示意图。

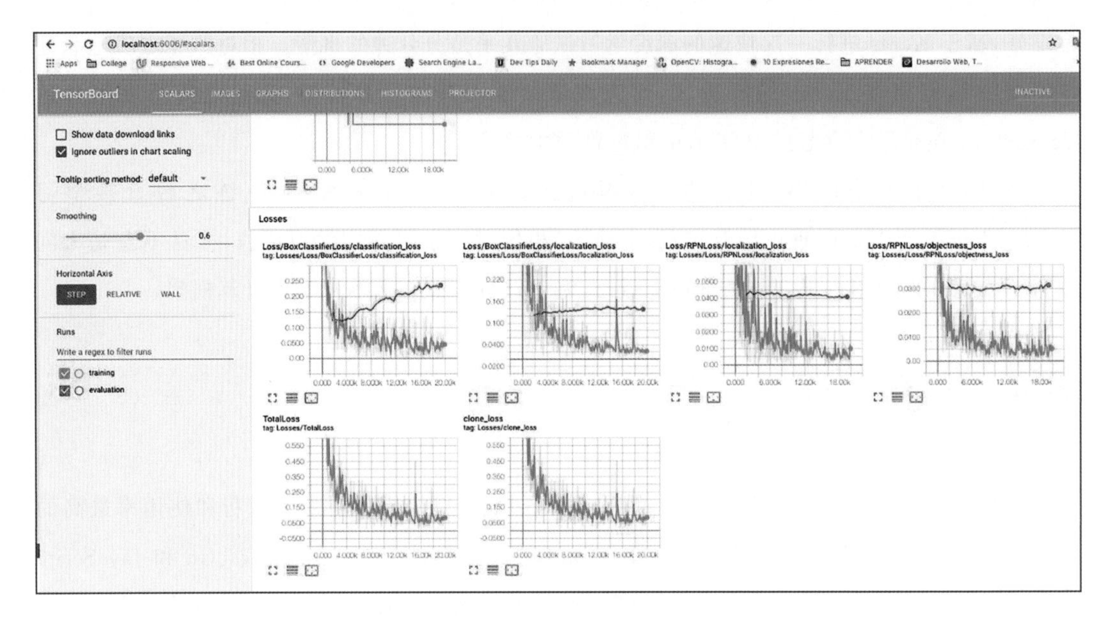

图 20.4 TensorBoard

TensorFlow 虽然很好，但是对于初学者来说并不友好，初学者用 TensorFlow 来搭建神经网络需要一个思维转变，总体来说，学习 TensorFlow 没那么容易。

基于 TensorFlow 搭建神经网络的简单例子，如代码 20.1 所示。

代码 20.1 TensorFlow 搭建神经网络示例

```
### TensorFlow1.14
# 导入 Numpy 和 TensorFlow
import numpy as np
import tensorflow as tf
# 输入数据长度
data_size = 10
# 数据维度
input_size = 28 * 28
# 隐藏层输出维度
hidden1_output = 200
# 网络输出大小
output_size = 1
# 创建数据和标签 placeholder
data = tf.placeholder(tf.float32, shape=(data_size, input_size))
target = tf.placeholder(tf.float32, shape=(data_size, output_size))
# 创建权重变量
h1_w1 = tf.Variable(tf.random_uniform((input_size, hidden1_output)))
h2_w1 = tf.Variable(tf.random_uniform((hidden1_output, output_size)))
# 指定相关变量
```

```
hidden1_out = tf.maximum(tf.matmul(data, h1_w1), 0)
target_ = tf.matmul(hidden1_out, h2_w1)
loss = tf.losses.mean_squared_error(target_, target)
# 优化器与损失
opt = tf.train.GradientDescentOptimizer(1e-3)
upd = opt.minimize(loss)
# 创建会话并执行训练
with tf.Session() as sess:
    sess.run(tf.global_variables_initializer())
    feed = {data: np.random.randn(data_size, input_size),
            target: np.random.randn(data_size, output_size)}
    for step in range(100):
        loss_val, _ = sess.run([loss, upd], feed_dict=feed)
```

TensorFlow 在最新的 2.0 版本中做了较大的改动，如使用 Eager Execution 替代了 Session 运行机制，深度集成了 Keras 的网络搭建方法等，但目前工业界部署和使用较为成熟的还是 1.13和 1.14 等版本。

20.3 Keras

其实 Keras 并不能算是一个独立的框架，其本质上是一个高层神经网络 API，Keras 由纯 Python编写而成并基于 TensorFlow、Theano 及 CNTK 后端。所以，我们也可以直接使用 TensorFlow调用 Keras。Keras LOGO 如图 20.5 所示。Keras 为支持快速实验而生，能够把你的想法迅速转换为结果，Keras 的主要优点如下。

（1）简易和快速的原型设计（Keras 具有高度模块化、极简和可扩充特性）。

（2）支持 CNN 和 RNN，或者二者的结合。

（3）无缝 CPU 和 GPU 切换。

图 20.5 Keras LOGO

Keras 非常易于学习和使用。无论是初学者还是不打算进行复杂研究的高级深度学习研究员，笔者都建议使用 Keras。在最新的 TensorFlow 2.0 中，其网络构建深度集成了 Keras 的架构，在实际使用时，Keras 和 tf.keras 并无大的差别。Keras 的设计原则如下。

（1）用户友好：用户的使用体验始终是 Keras 考虑的首要和中心内容。Keras 遵循减少认知困难的最佳实践：Keras 提供一致而简洁的 API，能够极大减少一般应用下用户的工作量，同时，Keras 提供清晰和具有实践意义的 bug 反馈。

（2）模块性：模型可理解为一个层的序列或数据的运算图，完全可配置的模块可以用最少的代价自由组合在一起。具体而言，网络层、损失函数、优化器、初始化策略、激活函数、正则化方法都是独立的模块，可以使用它们来构建自己的模型。

(3)易扩展性：添加新模块特别容易，只需要仿照现有的模块编写新的类或函数即可。创建新模块的便利性使得 Keras 更适合于先进的研究工作。

(4)与 Python 协作：Keras 没有单独的模型配置文件类型（作为对比，Caffe 有），模型由Python代码描述，使其更紧凑和更易 debug，并提供了扩展的便利性。

将前面 TensorFlow 的例子再用 Keras 写一遍，如代码 20.2 所示。

代码 20.2 Keras 搭建神经网络示例

```
# 导入相关模块
import numpy as np
from keras.layers import Dense
from keras.models import Sequential
from keras.optimizers import SGD
# 指定相关参数
data_size = 10
input_size = 28 * 28
hidden1_output = 200
output_size = 1
data = np.random.randn(data_size, input_size)
target = np.random.randn(data_size, output_size)
# 构建模型并编译
model = Sequential()
model.add(Dense(hidden1_output,
                input_shape=(input_size,), activation=tf.nn.relu))
model.add(Dense(output_size))
model.compile(loss='mean_squared_error',
              optimizer=SGD(lr=1e-3))
# 模型训练
model.fit(data, target, epochs=100, batch_size=data_size)
```

20.4 PyTorch

PyTorch 是一款可以媲美于 TensorFlow 的优秀深度学习计算框架，而且相比于 TensorFlow 在语法上更具灵活性。PyTorch 原生于一款小众语言 Lua，而后基于 Python 版本具备了强大的生命力。作为一款基于 Python 的深度学习计算库，PyTorch 提供了高于 Numpy 的强大的张量计算能力和兼具灵活度和速度的深度学习研究功能。图 20.6 所示是PyTorch 1.3 LOGO。

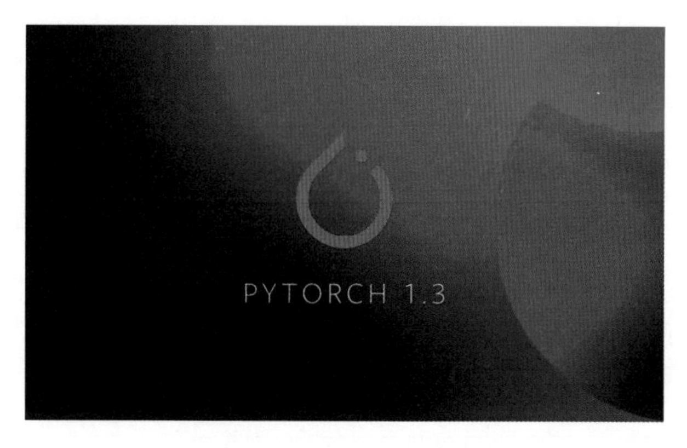

图 20.6 PyTorch 1.3 LOGO

PyTorch 已于 2018 年 10 月发布了 1.0 版本，目前已经更新到 1.5 版本，这标志着PyTorch正式走向了稳定可用阶段。在最新的 ICLR 2019 提交论文中，提及 TensorFlow 的论文数量从 2018 年的 228 上升到了 2019 年的 266，而提及 PyTorch 的论文数量从 2018 年的 87 激增到了 252。这也从侧面说明 PyTorch 的影响力今非昔比。

基于 PyTorch 搭建神经网络示例如代码 20.3 所示。

代码 20.3 PyTorch 搭建神经网络示例

```
# 导入 Torch 相关模块
import torch
import torch.nn as nn
import torch.nn.functional as fun
# 指定相关参数
data_size = 10
input_size = 28 * 28
hidden1_output = 200
output_size = 1
data = torch.randn(data_size, input_size)
target = torch.randn(data_size, output_size)
# 构建模型
model = nn.Sequential(
    nn.Linear(input_size, hidden1_output),
    nn.ReLU(),
    nn.Linear(hidden1_output, output_size)
)
# 优化器
opt = torch.optim.SGD(model.parameters(), lr=1e-3)
# 执行训练
for step in range(100):
    target_ = model(data)
```

```
        loss = fun.mse_loss(target_, target)
        loss.backward()
        opt.step()
        opt.zero_grad()
```

根据2019年各大顶会的研究人员使用情况调查来看，目前TensorFlow已经退守到工业界，学术界和各大顶会的研究人员更多地是使用PyTorch。但笔者的建议是：TensorFlow、Keras和PyTorch这3种深度学习计算框架都要学习，一个好的深度学习项目不能因为使用了不同的框架而使我们错过它们。

本讲习题

从个人使用的角度来对比TensorFlow、Keras和PyTorch这三大框架的异同点。

第 21 讲

深度学习数据集

很多人在学习了神经网络和深度学习之后，早已迫不及待地要开始动手实战了。通常第一个遇到的问题就是数据。作为个人学习和实验来说，很难获得像工业界那样较高质量的贴近实际应用的大量数据集，这时一些公开数据集往往就成了大家通往人工智能（AI）路上的反复摩擦的对象。

计算机视觉（CV）方向的经典数据集包括 MNIST 手写数字数据集、Fashion-MNIST 数据集、CIFAR-10 和 CIFAR-100 数据集、ILSVRC 竞赛的 ImageNet 数据集、用于检测和分割的 PASCAL VOC 和 COCO 数据集等。而自然语言处理（NLP）方向的经典数据集包括 IMDB 电影评论数据集、WikiText（维基百科）数据集、Amazon reviews（亚马逊评论）数据集和 Sogou news（搜狗新闻）数据集等。

本讲将分别对这些经典数据集的使用进行一个概述。

21.1 CV 经典数据集

1. MNIST

MNIST(Mixed National Institute of Standards and Technology database)数据集相信大家已经耳熟能详。可以说,每个入门深度学习的人都会使用 MNIST 进行实验。作为领域内最早的一个大型数据集,MNIST 于 1998 年由 Yann LeCun 等人设计构建。MNIST 数据集包括 60000 个示例的训练集及 10000 个示例的测试集,每个手写数字的大小均为 28 * 28。本书前面的一些章节曾多次使用到 MNIST 数据集。

MNIST 数据集地址为 http://yann.lecun.com/exdb/mnist。

MNIST 在 TensorFlow 中可以直接导入使用。在 TensorFlow 2.0 中的使用示例如代码 21.1所示。

代码 21.1 导入 MNIST

```
# 导入 MNIST 模块
from tensorflow.keras.datasets import mnist
# 导入数据
(x_train, y_train), (x_test, y_test) = mnist.load_data()
# 输出数据维度
print(x_train.shape, y_train.shape, x_test.shape, y_test.shape)
```

输出结果如下。

```
(60000, 28, 28) (60000,) (10000, 28, 28) (10000,)
```

可视化展示 MNIST 0～9 十个数字,如代码 21.2 所示。

代码 21.2 绘制 MNIST

```
# 导入相关模块
import matplotlib.pyplot as plt
import numpy as np
# 指定绘图尺寸
plt.figure(figsize=(12, 8))
# 绘制 10 个数字
for i in range(10):
    plt.subplot(2, 5, i+1)
    plt.xticks([])
    plt.yticks([])
    img = x_train[y_train==i][0].reshape(28, 28)
    plt.imshow(img, cmap=plt.cm.binary)
```

绘制结果如图 21.1 所示。

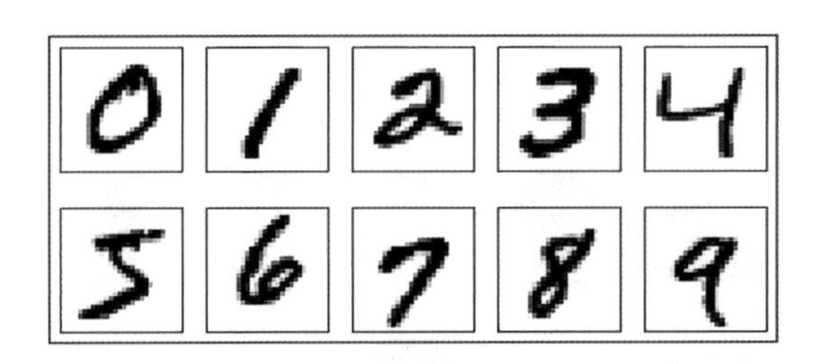

图 21.1 MNIST 数据集示例

2. Fashion-MNIST

可能是看到 MNIST 太"烂大街"了，德国的一家名为 Zalando 的时尚科技公司提供了 Fashion-MNIST来作为 MNIST 数据集的替代数据集。Fashion-MNIST 包含 10 种类别 70000 张不同时尚穿戴品的图像，整体数据在结构上与 MNIST 完全一致。每张图像的尺寸同样是28 * 28。

Fashion-MNIST 数据集地址为 https://research.zalando.com/welcome/mission/research-projects/fashion-mnist。

Fashion-MNIST 同样也可以在 TensorFlow 中直接导入，如代码 21.3 所示。

代码 21.3 导入 Fashion-MNIST

```
# 导入 Fashion-MNIST 模块
from tensorflow.keras.datasets import fashion_mnist
# 导入数据
(x_train, y_train), (x_test, y_test) = fashion_mnist.load_data()
# 输出数据维度
print(x_train.shape, y_train.shape, x_test.shape, y_test.shape)
```

输出结果如下。

```
(60000, 28, 28) (60000,) (10000, 28, 28) (10000,)
```

可视化展示 Fashion-MNIST 10 种类别，如代码 21.4 所示。

代码 21.4 绘制 Fashion-MNIST

```
# 绘图尺寸
plt.figure(figsize=(12, 8))
# 绘制 10 个示例
for i in range(10):
    plt.subplot(2, 5, i+1)
    plt.xticks([])
    plt.yticks([])
    plt.grid(False)
```

```
    img = x_train[y_train==i][0].reshape(28, 28)
    plt.imshow(x_train[i], cmap=plt.cm.binary)
```

绘制结果如图 21.2 所示。

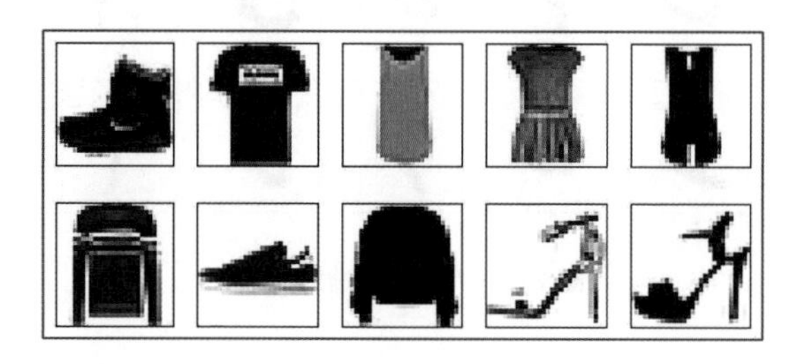

图 21.2　Fashion-MNIST 数据集示例

3. CIFAR-10

相较于 MNIST 和 Fashion-MNIST 的灰度图像，CIFAR-10 数据集则由 10 个类的 60000 张 32 * 32彩色图像组成（每个类包含 6000 张图像），分别有 50000 张训练图像和 10000 张测试图像。

CIFAR-10 是由 Hinton 的学生 Alex Krizhevsky（AlexNet 的作者）和 Ilya Sutskever 整理的一个用于识别普适物体的彩色图像数据集。一共包含 10 个类别的 RGB 彩色图片：飞机（airplane）、汽车（automobile）、鸟类（bird）、猫（cat）、鹿（deer）、狗（dog）、蛙类（frog）、马（horse）、船（ship）和卡车（truck）。

CIFAR-10 数据集地址为 https://www.cs.toronto.edu/～kriz/cifar.html。

CIFAR-10 在 TensorFlow 中的导入方式如代码 21.5 所示。

代码 21.5　导入 CIFAR-10

```
# 导入 CIFAR-10 模块
from tensorflow.keras.datasets import cifar10
# 读取数据
(x_train, y_train), (x_test, y_test) = cifar10.load_data()
# 输出数据维度
print(x_train.shape, y_train.shape, x_test.shape, y_test.shape)
```

输出结果如下。

```
(50000, 32, 32, 3) (50000, 1) (10000, 32, 32, 3) (10000, 1)
```

CIFAR-10 的可视化展示如代码 21.6 所示。

代码 21.6　绘制 CIFAR-10

```
# 指定绘图尺寸
plt.figure(figsize=(12, 8))
# 绘制 10 个示例
```

```
for i in range(10):
    plt.subplot(2, 5, i+1)
    plt.xticks([])
    plt.yticks([])
    plt.grid(False)
    plt.imshow(x_train[i], cmap=plt.cm.binary)
```

绘制结果如图 21.3 所示。

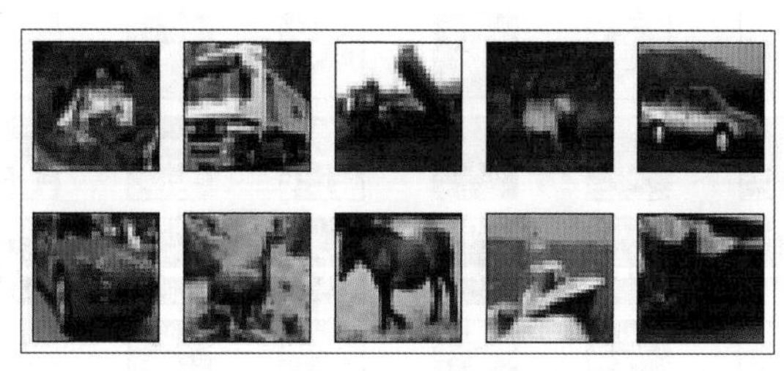

图 21.3　CIFAR-10 数据集示例

4. CIFAR-100

CIFAR-100 可以看作是 CIFAR-10 的扩大版，CIFAR-100 将类别扩大到 100 个类，每个类包含 600 张图像，分别有 500 张训练图像和 100 张测试图像。CIFAR-100 的 100 个类被分为 20 个大类，每个大类又有一定数量的小类，大类和大类之间区分度较高，但小类之间有些图像具有较高的相似度，这对于分类模型来说会更具挑战性。

CIFAR-100 数据集地址为 https://www.cs.toronto.edu/～kriz/cifar.html。

CIFAR-100 在 TensorFlow 中的导入方式如代码 21.7 所示。

代码 21.7　导入 CIFAR-100

```
# 导入 CIFAR-100 模块
from tensorflow.keras.datasets import cifar100
# 导入数据
(x_train, y_train), (x_test, y_test) = cifar100.load_data()
# 输出数据维度
print(x_train.shape, y_train.shape, x_test.shape, y_test.shape)
```

输出结果如下。

```
(50000, 32, 32, 3) (50000, 1) (10000, 32, 32, 3) (10000, 1)
```

CIFAR-100 的可视化展示如代码 21.8 所示。

代码 21.8　绘制 CIFAR-100

```
# 指定绘图尺寸
plt.figure(figsize=(12, 8))
# 绘制 100 个示例
for i in range(100):
```

```
        plt.subplot(10, 10, i+1)
        plt.xticks([])
        plt.yticks([])
        plt.grid(False)
        plt.imshow(x_train[i], cmap=plt.cm.binary)
```

绘制结果如图 21.4 所示。

图 21.4　CIFAR-100 数据集示例

5. ImageNet

ImageNet 数据集始于 2009 年，是由斯坦福大学李飞飞教授主导的一个项目形成的数据集。当时李飞飞教授在 CVPR 2009 上发表了一篇名为 *ImageNet：A Large-Scale Hierarchical Image Database* 的论文，之后就是基于 ImageNet 数据集的七届 ILSVRC 竞赛（从 2010 年开始），这使得ImageNet极大地推动了深度学习和计算机视觉的发展。

目前 ImageNet 中总共有 14197122 张图像，分为 21841 个类别，数据集地址为 http://www.image-net.org。

ImageNet 数据集示例如图 21.5 所示。

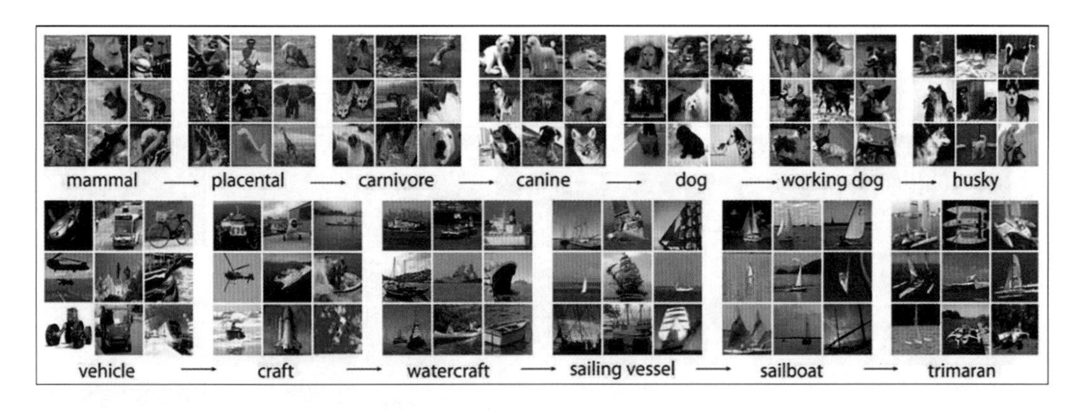

图 21.5 ImageNet 数据集示例

6. PASCAL VOC

PASCAL VOC(The PASCAL Visual Object Classes)挑战赛是一个世界级的计算机视觉挑战赛，其全称为 Pattern Analysis,Statical Modeling and Computational Learning,从 2005 年开始到 2012 年结束,PASCAL VOC 最初主要用于目标检测,很多经典的目标检测网络都是在PASCAL VOC 上训练出来的,如 Fast RCNN 系列的各种网络。后来逐渐增加了分类、分割、动作识别和人体布局等比赛。目前 PASCAL VOC 主要分为 VOC2007 和 VOC2012 两个版本的数据集。PASCAL VOC 数据集示例如图 21.6 所示。

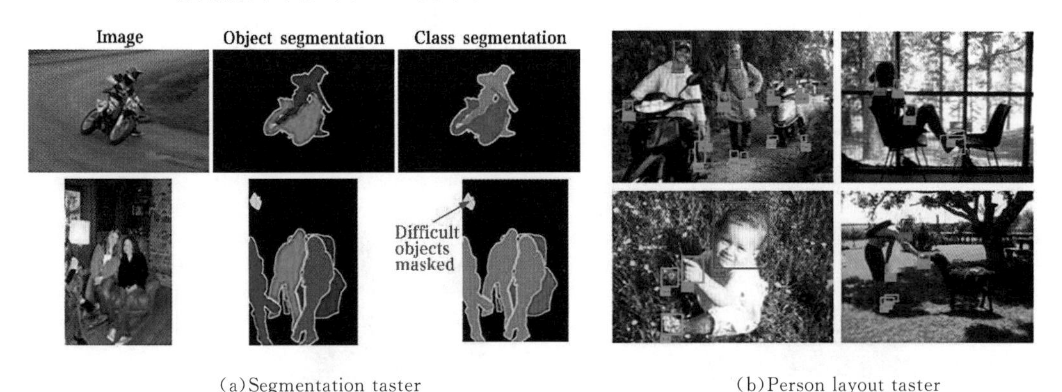

(a) Segmentation taster　　(b) Person layout taster

图 21.6 PASCAL VOC 数据集示例

7. COCO

COCO 数据集是微软在 ImageNet 和 PASCAL VOC 数据集标注的基础上产生的，主要用于图像分类、检测和分割等任务。COCO 全称为 Common Objects in Context,2014 年微软在 ECCV Workshops 里发表了一篇名为 *Microsoft COCO: Common Objects in Context* 的论文。论文中说明了COCO数据集以场景理解为目标，主要是从复杂的日常场景中截取，图像中的目标通过精确的分割进行位置的标定。COCO 包括 91 个类别目标，其中有 82 个类别的数据量都超过了 5000 张。

COCO 数据集地址为 http://cocodataset.org/#home。

COCO 数据集示例如图 21.7 所示。

图 21.7 COCO 数据集示例

除以上这些公开的经典数据集之外,我们也可以通过数据采集和图像标注工具制作数据集。常用的图像标注工具包括 Labelme、LabelImg、Vatic、Sloth、ImageJ、CVAT、Yolo_mark、RectLabel和 Labelbox 等。图 21.8 所示是 Labelme 图像标注示例。

图 21.8 Labelme 图像标注示例

21.2 NLP 经典数据集

1. IMDB

IMDB 本身是一家在线收集各种电影信息的网站，与国内的豆瓣较为类似，用户可以在上面发表对电影的评论。IMDB 数据集是由斯坦福大学研究院整理的一套用于情感分析的 IMDB 电影评论二分类数据集，包含 25000 个训练样本和 25000 个测试样本，所有影评都被标记为正面或负面两种评价。IMDB 数据集示例如图 21.9 所示。

review	sentiment
One of the other reviewers has mentioned that after watching just 1 Oz episode you'll be hooked. They are right, as this is exactly what happened with me. The first thing that struck me about Oz was its brutality and unflinching scenes of violence, which set in right from the word GO. Trust me, this is not a show for the faint hearted or timid. This show pulls no punches with regards to drugs, sex or violence. Its is hardcore, in the classic use of the word. It is called OZ as that is the nickname given to the Oswald Maximum Security State Penitentary. It focuses mainly on Emerald City, an experimental section of the prison where all the cells have glass fronts and face inwards, so privacy is not high on the agenda. Em City is home to many..Aryans, Muslims, gangstas...	positive

图 21.9 IMDB 数据集示例

IMDB 数据集在 TensorFlow 中的读取方法与 MNIST 等数据集较为类似，如代码 21.9 所示。

代码 21.9 导入 IMDB

```
# 导入 IMDB 模块
from tensorflow.keras.datasets import imdb
# 导入数据
(x_train, y_train), (x_test, y_test) = imdb.load_data()
# 输出数据维度
print(x_train.shape, y_train.shape, x_test.shape, y_test.shape)
```

输出结果如下。

```
Downloading data from
https://storage.googleapis.com/tensorflow/tf-keras-datasets/imdb.npz
17465344/17464789 [= = = = = = = = = = = = = = = = = = = = = = = = = = = = = = ] - 2s
0us/step
(25000,) (25000,) (25000,) (25000,)
```

IMDB 数据集地址为 https://www.imdb.com/interfaces。

2. WikiText

WikiText 英语词库数据(The WikiText Long Term Dependency Language Modeling Dataset)是由 Salesforce MetaMind 策划的包含 1 亿个词汇的大型语言建模语料库。这些词汇都是从维基百科一些经典文章中提取得到,包括 WikiText-103 和 WikiText-2 两个版本,其中 WikiText-2 是 WikiText-103的一个子集,常用于测试小型数据集的语言模型训练效果。值得一提的是,WikiText 保留了产生每个词汇的原始文章,非常适用于长期依赖的大文本建模问题。

WikiText 数据集地址为 https://www.salesforce.com/products/einstein/ai-research/the-wikitext-dependency-language-modeling-dataset。

3. Amazon reviews

Amazon reviews 数据集是 2013 年由康奈尔大学发布的、从斯坦福网络分析项目(SNAP)中构建的 Amazon 评论数据集,分为 Full 和 Polarity 两个版本。Full 版本每个类别包含 600000 个训练样本和 130000 个测试样本,Polarity 版本每个类别则包含 1800000 个训练样本和 200000 个测试样本。评论的商品包括书籍、电子产品、电影、日常家用产品、衣服、手机、玩具等。

Amazon reviews 数据集地址为 http://jmcauley.ucsd.edu/data/amazon。

Amazon reviews 数据集示例如图 21.10 所示。

```
{
  "reviewerID": "A2SUAM1J3GNN3B",
  "asin": "0000013714",
  "reviewerName": "J. McDonald",
  "helpful": [2, 3],
  "reviewText": "I bought this for my husband who plays the piano.
He is having a wonderful time playing these old hymns.  The music  is
at times hard to read because we think the book was published for
singing from more than playing from.  Great purchase though!",
  "overall": 5.0,
  "summary": "Heavenly Highway Hymns",
  "unixReviewTime": 1252800000,
  "reviewTime": "09 13, 2009"
}
```

图 21.10　Amazon reviews 数据集示例

4. Sogou news

Sogou news 数据集是由 SogouCA 和 SogouCS 新闻语料库构成的数据集,其总共包含运动、金融、娱乐、汽车和技术 5 个类别共计 2909551 篇新闻文章,每个类别均包含 90000 个训练样本和 12000 个测试样本。

Sogou news 数据集地址为 http://academictorrents.com/details/b2b847b5e1946b0479baa838a0b0547178e5ebe8。

NLP 领域还有一些像 Ag News、Yelp 等经典数据集,这里限于篇幅就不再进行更多的介绍,感兴趣的读者可以自行查阅。

参考文献

[1]李航. 统计学习方法[M]. 北京:清华大学出版社,2012.

[2]周志华. 机器学习[M]. 北京:清华大学出版社,2016.

[3]LeCun Y, Boser B, Denker J S, et al. Backpropagation Applied to Handwritten Zip Code Recognition[J]. Neural Computation, 1989, 1(4): 541-551.

[4]LeCun Y, Bottou L, Bengio Y, et al. Gradient-Based Learning Applied to Document Recognition[J]. Proceedings of the IEEE, 1998, 86(11):2278-2324.

[5]伊恩·古德费洛(Ian Goodfellow),约书亚·本吉奥(Yoshua Bengio),亚伦·库维尔(Aaron Courville). 深度学习[M]. 赵申剑,黎彧君,符天凡,等译. 北京:人民邮电出版社,2017.

[6]He K, Zhang X, Ren S, et al. Spatial Pyramid Pooling in Deep Convolutional Networks for Visual Recognition[J]. IEEE Transactions on Pattern Analysis and Machine Intelligence, 2015, 37(9): 1904-1916.

[7]Jeremy Jordan . An overview of semantic image segmentation[EB/OL]. https://www.jeremyjordan.me/semantic-segmentation, 2018-05-21.

[8]Waleedka. Mask_RCNN[EB/OL]. https://github.com/matterport/Mask_RCNN, 2017-08-23.

[9]Fei-Fei Li, Justin Johnson, Serena Yeung. CS231n: Convolutional Neural Networks for Visual Recognition[EB/OL]. http://cs231n.stanford.edu, 2015-11-20.

[10]王晋东. 迁移学习简明手册[EB/OL]. https://github.com/jindongwang/transferlearning-tutorial, 2018-06-12.

[11]许铁. 循环神经网络 RNN 打开手册[EB/OL]. https://zhuanlan.zhihu.com/p/22930328, 2016-10-14.

[12]Richard Socher. CS224d: Deep Learning for Natural Language Processing[EB/OL]. http://cs224d.stanford.edu, 2017-11-10.

[13]穆文. 秒懂词向量 Word2vec 的本质[EB/OL]. https://zhuanlan.zhihu.com/p/

26306795，2019-05-24.

[14]黄文坚，唐源. TensorFlow 实战[M]. 北京：电子工业出版社，2017.

[15]Choco31415. Attention_Network_With_Keras[EB/OL]. https://github.com/Choco31415/Attention_Network_With_Keras，2017-10-13.

[16]俞栋，邓力. 解析深度学习：语音识别实践[M]. 北京：电子工业出版社，2016.

[17]苏剑林. 变分自编码器（一）：原来是这么一回事[EB/OL]. https://kexue.fm/archives/5253，2018-03-18.

[18]何之源. GAN 学习指南：从原理入门到制作生成 Demo[EB/OL]. https://zhuanlan.zhihu.com/p/24767059，2017-03-23.

[19]Ketkar N. Deep Learning with Python[M]. Berkeley，CA：Apress，2017.

[20]彭博. 深度卷积网络：原理与实战[M]. 北京：机械工业出版社，2018.

[21]Ycjing. Neural-Style-Transfer-Papers[EB/OL]. https://github.com/ycjing/Neural-Style-Transfer-Papers，2017-11-09.

[22]Naturomics. CapsNet-Tensorflow[EB/OL]. https://github.com/naturomics/CapsNet-Tensorflow，2017-12-22.